Die
Geschichte des Fernrohrs

bis auf die neueste Zeit.

Von

Dr. H. Servus.

Mit acht in den Text gedruckten Abbildungen.

Springer-Verlag Berlin Heidelberg GmbH 1886

ISBN 978-3-662-32403-5   ISBN 978-3-662-33230-6 (eBook)
DOI 10.1007/978-3-662-33230-6

Vorrede.

Eine der grössten physikalischen Erfindungen, die je gemacht worden ist, ist wohl diejenige des Fernrohrs; erkannte man auch zur Zeit der Erfindung die Tragweite derselben noch nicht, so sollte die Erfindung doch in der Folge von der allergrössten Bedeutung werden. Als man die Gestirne durch das Fernrohr zu betrachten, mit ihm ihre Bewegungen zu verfolgen begann, und nachdem dadurch das copernikanische Weltsystem sich immer mehr Geltung verschafft hatte, erkannte man erst die grosse Wichtigkeit dieses Instrumentes, die sich bald darin kund gab, dass der Drang nach Verbesserung desselben immer stärker und stärker wurde. Die bald erkannten Fehler der sphärischen und chromatischen Aberration, die das Zustandekommen eines reinen Bildes hinderten, regten die grössten Geister an, auf Mittel zu sinnen diese Fehler zu beseitigen. Allein bis auf den heutigen Tag ist dies noch nicht völlig gelungen.

So hat sich um das Fernrohr im Laufe der Jahrhunderte eine äusserst lehrreiche Geschichte gebildet, die zugleich ein Stück Geschichte des menschlichen Geistes ist, und es ist eine interessante Aufgabe die Entwicklung des Fernrohrs durch die Jahrhunderte hindurch zu verfolgen. Diese Aufgabe soll das vorliegende Werk erfüllen, und hoffen wir, dass es uns gelungen ist ein einigermassen anschauliches Bild dieser Entwicklung zu entwerfen. Wir haben alles in Betracht gezogen, was auf unsern Gegenstand Bezug haben konnte, und haben versucht mit der grössten Objectivität das Richtige auszuwählen.

Die Geschichte des Fernrohrs ist aber auch unzertrennbar mit derjenigen der Achromasie verbunden, und so wird der zweite Teil des Werkes zugleich eine ausführliche Geschichte der Achromasie und des Mikrometers bringen. Wir hoffen, dass wir auch hierin stets das Richtige getroffen haben, und dass das vorliegende Werk eine Lücke in der astronomisch-physikalischen Litteratur auszufüllen vermag. Möge das kleine Werk Freunde und nachsichtige Beurteiler finden.

Charlottenburg, im October 1885.

Der Verfasser.

Litteratur.

Lettera di Galilei: sopra l'uso del Cannochiale 1611.

Auzout: Lettre a l'abbe Charles sur le Ragguaglio di due nuove asservazione da G. Campani, avec des remarques, ou il est parle des nouvelles découvertes dans Saturne et Jup. etc.

De la Hire: Methode pour centrer les verres des lunettes. Paris 1699.

De la Hire: Invention des lunettes d'approche.

Euler: Sur la perfection des verres objectifs des lunettes. Berl. 1747.

Euler: Recherches sur la construction des nouvelles lunettes.

Dollond: Letter to Short concerning an improvement of refracting telescopes.

Euler's and Dollond's: Letters relating to a theorem of Euler for correcting aberrations in the object glass of refracting telescopes. Phil. Tr. 1753.

Dollond: An account of some experiments concerning the different refrangibility. Phil. Tr. 1758.

Kramer: Allgemeine Theorie der zwei- und dreiteiligen astronomischen Fernrohr-Objective. Berlin 1885.

Moll: On the first invention of telescopes. 1831.

Moll: Geschiedkundig onderzoek naar de eerste Uitvinders der verrekijkers, uit de aanteekningen van Van Swinden. Amsterd. 1831.

Jacquin: Notizen über dialytische Fernröhre. Wien 1834.

Olbers: Ueber den Erfinder der Fernröhre. 1843.

Borellus: De vero telescopii inventore.

Boscowich: De lentibus et telescopiis dioptrici.

Hennert: Dissertation sur les moyens de donner la plus grande perfection possible aux lunettes dont les objectifs sont composes de deux matieres.

Hertilii: Methodus qua lentes parabolicae, hyperbolicae et ellipticáe elaborari possunt. Berl. 1727.

Young: On optical instruments. 1807.

Herschel: On light.

Prechtl: Dioptrik.

Boscowich: Abhandlung von den verbesserten dioptrischen Fernröhren. Wien 1765.

Euler: Dioptrica.

Wilde: Geschichte der Optik.

Poggendorff: Geschichte der Physik.

Heller: Geschichte der Physik.

Descartes: Discours sur la methode pour bien conduire sa raison, puis la Dioptrique, les meteores et la geometrie. 1637.

Kepler: Dioptrica.

Kepler's: Briefwechsel mit Galilei edit Hansch.

Newton: Optiks, or a treatise of the reflexions, refractions, inflexions and colours of light. 1730.

Klingenstierna: Tentamen de corrigendis aberrationibus luminis et de perficiendo telesc. dioptr. Petrop. 1762.

Dollond: Ueber Verbesserung der Fernrohre. Phil. Tr. 1753.

Inhalt.

Einleitung.

Die Entdeckung des neuen Weltsystemes durch Kopernikus hatte die Speculation der Geister mächtig erregt; eine neue Entwickelungsepoche der Astronomie, ja der gesammten Wissenschaften, begann jetzt, und Entdeckung auf Entdeckung folgte. Dazu kam noch am Anfang des 17. Jahrhunderts eine Erfindung, welche eine der folgenreichsten und wichtigsten ist, die je auf dem Gebiete der Physik gemacht worden ist: ich meine die Erfindung des Fernrohrs. Die Grenzen, die der menschlichen Erkenntnis und dem Auge von der Natur gesteckt sind, wurden damit durchbrochen, das Auge konnte nun eindringen in bisher völlig ungeahnte Gegenden, und neue Welten zeigten sich dem Beobachter. Die Erkenntnis des gesammten Weltalls, der einheitliche Zusammenhang desselben und das harmonische Ineinandergreifen aller Teile, kurz alles das, was man bisher so sehnlich zu erkennen gestrebt, es lag nun ausgebreitet vor aller Blicken, wie eine Blüte, die über Nacht ihre äusseren Hüllen gesprengt und sich in ihrer ganzen Pracht entfaltet hat.

Aber wie in den meisten Fällen eine grosse Entdeckung oder Erfindung nie allein und plötzlich eintritt, so auch hier. Zu derselben Zeit nämlich wurde auch das Mikroskop erfunden. Gestattete das Fernrohr uns einen Einblick in das Unendliche, so gab das Mikroskop einen Einblick in die Welt des Unendlichkleinen. So weit verschieden auch die Gebiete sind, mit deren Erforschung diese beiden Instrumente sich beschäftigen, so beachtenswert bleibt es doch, dass wir sie heute unzertrennlich mit einander verbunden finden. Die blosse oberflächliche Betrachtung der Gestirne genügte nicht mehr, man wollte eindringen in das tiefere Wesen derselben, man wollte dieselben in ihrem Leben und Wandeln, wenn man so sagen darf, beobachten und verfolgen. Man verband daher das Fernrohr mit den schon von Alters her gebräuchlichen Messkreisen und hatte nun schon ein Mittel, die fremden Welten auf ihren Wegen zu verfolgen und ihre Lage in dem grossen Weltenraum zu bestimmen. Allein diese Kreise gestatteten nur eine wenig genaue Messung, der Trieb nach genaueren Messungen wurde immer stärker, und man sann darauf die Teilung der Kreise auf das feinste auszuführen. Man bediente sich dazu der Lupe, als aber auch diese sich als dem Bedürfnis noch nicht genügend erwies, bediente man sich dazu des Mikroskopes. Wie weit man mit Hilfe desselben und anderer vervollkommneter Hilfsmittel in der Teilung der Kreise vorgeschritten ist, das zeigen unsere heutigen astronomischen Messinstrumente und die Genauigkeit der mit ihnen ausgeführten Messungen. Allein man bemerkte bald, dass die Teilung so fein geworden war, die Teilstriche so eng bei einander waren, dass man sie mit blossem Auge nicht mehr unterscheiden konnte, und sah sich daher genötigt zur Ablesung das Instrument zu benutzen, dessen man sich zur Herstellung solcher Feinheiten bedient hatte. So kam es, dass man an die Messkreise der astronomischen Instrumente Mikroskope anbrachte, deren man gewöhnlich mehrere daran findet.

Eine so schöne und grossartige Erfindung auch die des Fernrohrs ist, so charakteristisch ist es doch, dass der Mensch sie nicht seinem Scharfsinn oder seinem angestrengtesten

Denken, sondern nur einem Zufall verdankt. Zweifelhaft bleibt es jedenfalls, ob der Mensch jemals auf theoretischem Wege zu dieser Entdeckung gekommen wäre, und Huyghens sagt in seiner Dioptrik: Si quis tanta industria exstitisset, ut ex naturae et geometriae principiis Telescopium eruere potuisset, eum ego supra mortalium sortem ingenio valuisse dicendum crederem. Sed hoc tam longe abest ut fortuito reperti artificii rationem non adhuc satis explicare potuerint viri doctissimi". D. h. „Wenn es je einen Menschen von solcher Geisteskraft gegeben hätte, dass er durch blosses Nachdenken und aus geometrischen Principien auf die Erfindung des Fernrohrs gekommen wäre, so würde ich nicht anstehen, ihn für ein höheres, über alle Sterblichen weit erhabenes Wesen zu halten. Aber davon sind wir so weit entfernt, dass selbst noch lange nachher unsere grössten Gelehrten von dieser durch blossen Zufall gemachten Entdeckung die wahren Gründe derselben nicht einmal gehörig angeben können".

Wie so vielen Erfindungen geht es auch dieser; auch sie ist nicht von einem einzelnen Menschen plötzlich gemacht worden. Drei Nationen, die Engländer, Italiener und Holländer streiten sich um die Priorität der Erfindung, eine jede glaubt, dass der Erfinder zu ihr gehöre. Die merkwürdigsten Gründe werden dafür von ihnen angeführt; mit welchem Rechte werden wir später sehen.

Die Geschichte des Fernrohrs lässt sich in zwei Abschnitte zerlegen.

Der erste Abschnitt umfasst die Vorbereitungszeit, die Erfindung selbst und das Streben, die bei den Linsen auftretende sphärische Aberration dadurch zu beseitigen, dass man grosse Linsen von ungeheurer Brennweite herstellte, und deren Randstrahlen durch Diaphragmen oder auf die Linse gelegte undurchsichtige Ringe abblendete.

Der zweite Abschnitt behandelt die Geschichte der

Achromasie, und umfasst den Zeitraum von J. Newton (incl.) bis in die neueste Zeit; er bringt zugleich die Konstruktion zwei- und dreifacher achromatischer Objective.

Den Schluss des Werkes bildet die Geschichte der Spiegelteleskope.

Wir behalten uns vor, in einem späteren Werke das Fernrohr und seine Einrichtungen zu astronomischen Zwecken zu behandeln.

I.

Geschichte des Fernrohrs bis zum Jahre 1650.

Nach den Mittheilungen Poggendorf's befindet sich in der grossen japanischen Encyklopädie wa-kan-san-sai-tsou-ye eine Abbildung Jupiters, der von zwei kleinen Körpern begleitet ist. Darunter stehen die Worte: „Es giebt daneben (neben Jupiter) zwei kleine Sterne, die wie abhängig von ihm sind." Dies Bild befindet sich in der japanischen Ausgabe, welche 1713 erschienen ist, während in der 1609 in China erschienenen sich nichts davon vorfindet. Dass kein europäischer Einfluss hier stattgefunden hat, ergiebt sich daraus, dass man auch Bilder in diesem Werke findet, in denen dargestellt ist, wie das Kaninchen im Monde Reis zerstampft, die 9 Wege in denen der Mond wandelt und die 9 Himmel, in deren Mitte die Erde sich befindet. Man weiss nicht wie man sich obige Bemerkung erklären soll, es würde aber gewagt sein, daraus den Schluss zu ziehen, dass die Chinesen schon mit Fernröhren beobachtet hätten. Die kleinen Sterne, von denen hier geredet wird, sind offenbar die Monde Jupiters. Im Fernrohr gesehen bieten die vier Monde Jupiters uns einen schönen Anblick, und in Folge ihres Glanzes kann man sich fragen, ob diese Monde oder doch einige derselben nicht auch ohne Fernrohr wahrzunehmen seien. Dass dazu sehr scharfe Augen erforderlich wären ist klar. Dennoch sind einzelne der Monde mit blossen Augen gesehen worden. So versichert der Missionär Stoddart, unter dem reinen Himmel von Oroomiah in

Persien, im Dämmerlichte, ehe Jupiter zu hell wurde, einige
Male Monde desselben mit blossem Auge gesehen zu haben.
Boussingault aber bemerkt, dass er zu Bogota, selbst in einer
Höhe von 2640 m, keinen Trabanten habe erkennen können.
Man erzählt, dass der Schneidermeister Schön mit Leichtigkeit
den ersten und dritten Satelliten erkannt habe, sobald dieselben
weit von ihrem Planeten entfernt waren. Auch der Marquis
von Ormonde erkannte auf der Höhe des Aetna mehrere Monde,
und Jacob sah zu Madras den dritten Mond. Am 1. September
1832 sah Webb den dritten und vierten Mond nahe bei einander stehend, als zusammenhängenden Stern; seiner Kurz-
sichtigkeit wegen bediente er sich eines concaven Augenglases.
Banks sah den ersten und zweiten Mond zusammen, als sie
sehr nahe bei einander standen, häufig den dritten allein und
einmal eine Spur vom vierten Satelliten. Boyd sah 1860 den
zweiten und dritten Mond getrennt; auch Mason erkannte
1863 den dritten und Buffham sah oft einzelne Trabanten.
Will man Versuche über die Sichtbarkeit der Jupitermonde
mit blossem Auge anstellen, so erscheint es am geeignetsten,
den Planeten selbst durch einen schmalen, undurchsichtigen
Gegenstand zu verdecken.

Diese Beispiele sind hinreichend und beweisend, dass
auch unter den Chinesen Leute gewesen sein können, die mit
blossem Auge die beiden kleinen Sterne, Trabanten, gesehen
haben und jene Notiz der Encyklopädie dadurch ihre Erklärung findet.

Die älteste Nachricht, die auf ein Fernrohr Bezug haben
könnte, findet sich in einem Werke: Opus majus von Roger
Baco aus dem Jahre 1267. Diese Stelle (Pg. 357) lautet:
„De visione fracta majora sunt, nam de facili patet per canones
„supradictas, quod maxima possunt apparere minima, et e
„contra, et longe distantia videbuntur propinquissime, et e con-
„verso. Nam possumus sic figurare perspicua, et taliter ea
„ordinare respectu visus et rerum, ut frangantur radii et flec-
„tantur, quorsumque voluerimus, et sub quocunque angulo
„voluerimus, ita ut videremus rem prope vel longe, et sic ex

„incredibili distantia legeremus literas minutissimas et pulveres
„et arenas numeraremus propter magnitudinem anguli, sub quo
„videremus; et maxima corpora de prope vix videremus propter
„parvitatem anguli sub quo videremus; nam distantia non facit
„ad hujus modi visiones, nisi per accidens, sed quantitas an-
„guli. Et sic posset puer apparere gigas et unus homo videri
„mons, et in quacunque quantitate; secundum quod possemus
„hominem videre sub angulo tanto, sicut montem, et prope
„ut volumus, et sic parvus exercitus videretur maximus, et
„longe positus appareret, et e contra. Sic etiam faceremus
„solem et lunam et stellas descendere secundum apparentiam
„hic inferius, et similiter super capita inimicorum apparere,
„et multa consimilia, ut animus mortalis ignorans veritatem
„non posset sustinere."

Auf diese Stelle hin gründen sich die Ansprüche, welche
Molyneux und Jebb erheben, um die Priorität der Erfindung
ihrem Landsmann Roger Baco zuzuschreiben. Man mag zu-
geben, dass diese Andeutungen der näheren Beachtung wert
sind, denn sie zeigen offenbar, dass Baco an die Möglichkeit
der Construktion eines Fernrohrs glaubt. Dass aber Baco
der Erfinder des Fernrohrs sein soll, lässt sich auf keine Weise
glaubwürdig machen, man mag es anfangen wie man will.
Man kann sogar aus der ganzen Beschreibung sicher folgern,
dass sie ein blosses Hirngespinnst war.

Sicher würde Baco seines Fernrohrs Erwähnung gethan
und es über alle Massen angepriesen haben, wenn er ein solches
besessen oder gar selbst construirt hätte. Aber nirgend findet
sich in seinen Werken eine Andeutung davon, so dass die
von Molyneux und Jebb für Baco erhobenen Ansprüche als
ungerechtfertigt zurückzuweisen sind. Die nächste beachtens-
werte Hinweisung auf das Fernrohr findet sich bei Porta in
seiner Magia naturalis vom Jahre 1589. Dieses Werk wurde von
ihm 1553 im Alter von 15 Jahren verfasst. Die erste Ausgabe
des Werkes ist nicht auf uns gekommen, die älteste noch vor-
handene erschien 1558 zu Neapel; am weitesten verbreitet ist
der Abdruck, den Plantin 1564 in Antwerpen machen liess.

Es ist dies ein höchst seltsames Werk, welches der Verfasser herausgab als er eben das fünfzehnte Jahr erreicht hatte. Berücksichtigt man die Zeit in der dieses Werk erschien und das Alter seines Verfassers so ist es höchst interessant zu lesen, man findet aber in ihm eine entschiedene Neigung zum Wahn, zum Seltsamen und Unerreichbaren. Eine Vergleichung der früheren Ausgaben mit dieser giebt einen Ueberblick, wie während jenes Zeitraums die Ansichten sich geändert hatten. Abenteuerliche Forderungen und Vorschläge finden sich auch hier noch. Man erkennt aber sehr wohl den klugen Mann heraus, der sich bei den absurdesten Dingen eine Hinterthür offen lässt.

In diesem Werke nun findet sich folgende Stelle: „Con-„cavae lentes, quae longe sunt, clarissime cernere faciunt, „convexae propinqua; unde ex visus commoditate his frui „poteris. Concavo longe parva vides, sed perspicua; convexo „propinqua majora, sed turbida. Si utrumque recte componere „noveris, et longinqua et proxima majora sed clara videbis. „Non parum multis amicis auxilii praestitimus, qui et longinqua „obsoleta, proxima turbida conspiciebant, ut omnia perfectissime „contuerentur".

Es geht hieraus hervor, dass Porta die Wirkungen der Zusammensetzungen zweier Linsen, einer convexen und einer concaven, gekannt hat; denn er sagt, dass durch passende Zusammenstellung zweier Linsen sowohl das Entfernte als das Nahe dem Auge vergrössert werde. Allein Porta selbst scheint nur wenig Gewicht auf diese Bemerkung zu legen, da er ohne grosse Anpreisungen leicht darüber hinweggeht. Jedenfalls aber kann von einem Fernrohr nicht die Rede sein, seine Versuche scheinen sich vielmehr darauf beschränkt zu haben, passende Augengläser herzustellen. Bei diesen Versuchen kam es darauf an, die zu grosse Concavität des einen Glases durch die Convexität des andern zu compensiren. Dies ist aber nur möglich durch das Aufeinanderlegen der beiden Gläser. Es entstand so ein Doppelglas, welches, auf kranke Augen gebracht, bald ein Nähern und Vergrössern, bald auch ein Entfernen zur Folge hatte. Porta scheint sich mit diesen Versuchen begnügt zu haben, da keine weiteren Angaben sich vorfinden. Hätte Porta das Fernrohr erfunden, so würde er sicher noch eine Anzahl von Versuchen gemacht und sie mit der ihm eigenen Ruhmredigkeit beschrieben haben. Doch davon findet sich nichts. Wohl aber findet sich schon in der Homocentrica von Fracastorius 1538, also lange vor dem Erscheinen des Porta'schen Werkes, folgende Bermerkung: „Per duo „specilla ocularia si quis perspiciat, altero alteri superposito, „majora multo et propinquiora videbit omnia."

Wir erkennen hieraus, dass man schon vor Porta zwei Linsen aufeinander gelegt hat, um auf diese Weise ein vorzügliches Augenglas zu erhalten. Deutlicher noch geht dies aus einer Stelle des Nicolaus Cabaeus*) hervor, die sich findet in Gasparis Schotti magia univ. nat. et artis Herbipoli 1657: „Non dissimulabo tamen, quod narrat Nicolaus Cabaeus, „novisse se senem quendam, e societate Jesu sacerdotem, qui „multis annis antequam quidquam de optico tubo inaudiretur, „duobus vitris, concavo et convexo, usus fuerat in horis suis „canonicis recitandis, quod brevioris esset visus, applicando „cavum propius oculo, convexum propius libro; nec unquam „rem ut exoticam suspexerat, nec aliis detexerat, ut minus „dignam, quae propalaretur."

Das ganze Werk Porta's scheint nur eine Zusamenstellung alles dessen zu sein, was in damaliger Zeit bekannt war, und womit man sich beschäftigte. Um aber erhabener dazustehen verschweigt er regelmässig die Quellen, aus denen er geschöpft hat, so dass er der grossen Welt gegenüber als der gelehrteste Mann seiner Zeit erscheint. Dabei kam ihm die Denkungsweise der damaligen Zeit sehr zu Hilfe, die gerade das Ungereimteste und Unglaublichste mit Wohlbehagen verschlang.

*) Nicolaus Cabaeus oder Nicolò Cabeo, geboren zu Ferrara 1585, gestorben zu Genua 1650, war Professor der Mathematik in Parma. Zu erwähnen sind seine: Philosophia magnetica, Ferrara 1629 und Philosophia experimentalis sive Commentaria in IV libr. Aristotelis meteorologicorum, Rom 1644.

Sie wollte belogen sein, sie wollte mit Tollheiten gereizt werden.
Das zeigt sich gerade bei Porta's Werk, dessen erste Auflage,
die voll von Thorheiten und Ungereimtheiten war, in kurzer
Zeit vergriffen war und überall gelesen wurde. Die zweite
Auflage dagegen, die weniger Tollheiten enthielt, fand nur
eine Geringe Anzahl von Lesern.

Auch Keppler, sagt man, soll die Versuche Porta's gekannt haben, und als ihn Kaiser Rudolf eines Tages fragte,
was er von diesen Versuchen denke, soll er geantwortet haben,
dass er sie für unmöglich halte. Dabei war er der Meinung,
dass die Beschreibungen und Zeichnungen, die er selbst in
seinen Paralipomenis (1604) pag. 202 von der Wirkung der
Concav- und Convexgläser gegeben hatte, die Erfindung des
Fernrohrs herbeigeführt hätten. In der Figur auf Seite 202
ist ein Concav- und ein Convexglas durch eine gemeinschaftliche
Axe verbunden, und es wird dann bewiesen, dass durch eine
solche Combination die Gegenstände dem Weitsichtigen entfernt, dem Kurzsichtigen aber genähert werden. Wie es sich
damit verhält, ist leicht zu sehen. Die Paralipomena erschienen 1604, die erwähnte Ausgabe der Magia naturalis
1589, es ist also unmöglich, dass Porta aus den Paralipomenis
geschöpft habe. Wahrscheinlich hat Keppler die Ausgabe von
1589 nicht gekannt, sondern eine nach 1604 erschienene, und
diese für die erste Ausgabe gehalten. Wir werden später sehen,
dass es wahrscheinlicher ist, dass Porta aus dem Werke von
Diggs geschöpft habe.

Damit haben wir also gezeigt, dass alle Bemühungen, die
darauf ausgehen die Priorität der Erfindung des Fernrohres
dem Baco oder Porta zuzuschreiben, vergeblich sind.

Häufig hat man es auch versucht die Erfindung des Fernrohrs als eine sehr alte hinzustellen, ohne auch nur den Wert
dessen, was man dafür anführen konnte, einigermassen zu beachten. Wäre das Letztere geschehen, so hätten in der That
nicht solche Ungereimtheiten zu Tage kommen können, als
es geschehen ist. Es mag aber die Wichtigkeit, die man dieser
Erfindung beilegte, wesentlich dazu beigetragen haben ihren

Ursprung in ein gewisses Dunkel zu hüllen; das Verlangen dies Dunkel zu lichten, und die Unkenntniss über den Erfinder hatte dann zur Folge, dass man mehr und mehr versuchte den Ursprung in die graue Vorzeit zu verlegen. Diodorus Siculus z. B. führt an, dass Hekataeus, nebst anderen Schriftstellern, einer Insel von der Grösse Siciliens Erwähnung thut. Diese befinde sich nach dem Nordpol hin gegenüber den Celten, und ihre Einwohner seien sämmtlich Priester Appollo's. Auf dieser Insel nun könne man den Mond so nahe sehen, dass man Berge auf demselben erkennen könne. Kaum hatte man dies gelesen, so hatte man nichts Eiligeres zu thun als hieraus die Kenntniss und den Gebrauch des Fernrohres bei den Einwohnern herzuleiten, so dass also schon zur Zeit des Hekataeus, der ein Zeitgenosse Alexanders des Grossen war, Beobachtungen mit Fernröhren angestellt worden wären.

Wie weit man sich aber in diesen Ungereimtheiten verstieg, mag folgendes Beispiel lehren. Arias Montanus, ein höchst gelehrter Mann des 17. Jahrhunderts, der der heiligen Schrift wohl kundig und erfahren war, konnte sich die Stelle Mathäus 4. v. 8: „Da führte ihn der Teufel mit sich auf einen „hohen Berg und zeigte ihm alle Reiche der Welt und ihre „Herrlichkeit“, nicht anders erklären, als dass der Teufel ein Fernrohr erfunden hatte, durch welches man die Welt mit ihrer Herrlichkeit übersehen konnte. Jetzt war also die Erfindung des Fernrohres unwiderruflich dem Teufel zugeschrieben, es war nicht das Werk eines Menschen, sondern des Teufels. Gewiss war es ein Glück, dass die Entdeckung dieses Mannes sich nicht sehr weit verbreitete, denn zum Nutzen des Fernrohrs hätte sie in jener aufgeregten Zeit nicht werden können. Verschiedene Nachrichten deuten darauf hin, dass man sich bei der Beobachtung der Gestirne frühzeitig offener Röhren bedient habe, um die Einwirkung der Seitenstrahlen abzuhalten. So sagt Ditmar, Bischof von Merseburg in seinem Chronicon Martisburgense: „Gerbertus optime callebat astrorum „cursus discernere, et contemporales suos variae artis notitia „superare. Hic tandem a finibus suis expulsus, Ottonem petiit

„imperatorem, et cum eo diu conversatus, in Magdeburg horo-
„logium fecit, illud recte constituens, considerata per fistulam
„quadam stella, nautarum duce“.

Cysatus berichtet ferner in seinem Werke: „De loco, motu,
magnitudine et causis cometae, qui sub finem anni 1618 et
initium anni 1619 fulsit. Ingolstadii 1619“, dass sich im
Kloster Scheyern, in der Diöcese Freising, eine im Jahre 1096
von dem Mönch Conrad begonnene Chronik befände, in welcher
ein Astronom abgebildet sei, der den Himmel durch ein Rohr
betrachtet, das vier Auszüge hat. Die Stelle lautet wörtlich:
„An Nicephorus et Anaxagoras illum stellarum erraticarum
„confluxum, Democritus autem earundem digressum libero
„oculo conspexerint, non disputo; fortassis et ipsi solo tubo
„optico phaenomenon illud deprehenderunt. Fuisse enim usum
„tubi optici antiquis etiam astronomis familiarem, testatur liber
„vetustissimus in bibliotheca celeberrimi monasterii Scheurensis,
„scriptus ante 400 annos, quo in libro inter caetera schemata
„etiam astronomus per tubum opticum, in coelum intentum
„sidera contemplans visitur.“

Nach den Angaben des berühmten Benediktiners Mabillon,
der auf Veranlassung Colbert’s eine wissenschaftliche Reise
durch Deutschland unternahm, stellt dieses Bild den Ptolemaeus
dar, wie er durch ein Fernrohr, das vier Auszüge hat, den
Himmel betrachtet. Die Angaben Mabillons lauten: „In
„tertio folio astronomia exhibetur, adjunctam habens a dextris
„Ptolemaei effigiem, sidera contemplantis ope instrumenti
„longioris, quod instar tubi optici, quatuor ductus habentis,
„concinnatum est“.

Es ist wohl leicht einzusehen, dass das in diesen Notizen
erwähnte Rohr kein Fernrohr in unserm Sinne gewesen sein
kann, es scheint vielmehr ein an beiden Seiten offenes Rohr
gewesen zu sein, dessen Zweck nur darin bestand die Seitenstrahlen bei der Beobachtung abzublenden. Wahrscheinlicher
aber ist es, dass dieses Rohr nur der Phantasie des Malers ent-
sprungen ist, der dem gelehrten Ptolemaeus irgend ein Abzei-
chen geben musste, damit er als solcher erkannt werden könnte.

Wichtiger scheinen die Ansprüche zu sein, welche Thomas Diggs für seinen Vater Leonard Diggs erhebt. Derselbe war ein Mathematiker in England und lebte bis zu seinem Tode (1573) in Bristol. Im Jahre 1571 hatte derselbe eine Pantometrie herausgegeben, deren zweite Ausgabe im Jahre 1591 von seinem Sohne veranstaltet wurde. Der Vorrede dieser Ausgabe gemäss, sei Leonard Diggs durch Versuche und mathematische Speculationen (?) darauf gekommen, Linsengläser so mit einander zu verbinden, dass dadurch weit entfernte Gegenstände sichtbar geworden seien. In dem 21. Capitel seines Werkes erklärt auch Leonard Diggs die Wirkung einer Combination convexer und concaver Gläser. Der ausgezeichnete Physiker Brewster sieht sich in Folge dessen bewogen dem L. Diggs einen Anteil an der Erfindung des Fernrohrs zuzusprechen. Allein man muss vorsichtig bei der Annahme des Brewster'schen Urteils sein, da dieser Mann, wenn es sich um das Interesse seiner Landsleute handelt, ziemlich parteiisch urteilt. Der englische Physiker und Zeitgenosse Newton's, Hooke, hält die Ansprüche Diggs für ungerechtfertigt, indem er der Ansicht ist, dass Diggs aus den zu damaliger Zeit vielgelesenen Werken Porta's geschöpft habe. Diese Ansicht lässt sich aber sofort durch Zahlen widerlegen, da die 2. Ausgabe von Porta's Magia nat. erst 1589 erschien, während Digg's Werk bereits 1571 (2. Aufl. 1591) erschienen war. Die erste Auflage des Porta'schen Werkes erschien allerdings schon 1553, allein in derselben befinden sich jene auf die Linsencombination bezüglichen Angaben noch nicht, dieselben erscheinen erst in der zweiten Auflage von 1589. Daraus kann man schliessen, dass Porta seine Angaben aus dem Werke von Diggs genommen hat, ohne desselben auch nur mit einem Worte Erwähnung zu thun. Wohl zu beachten ist aber, dass Diggs von der Einstellung der Gläser unter gehörige Winkel redet, es scheint daher, dass er von Glasspiegeln, nicht aber von Glaslinsen spricht.

Aus dem, was wir bisher gesagt haben, ergiebt sich also

nichts, das uns berechtigte, einem dieser Männer die Erfindung des Fernrohrs zuzuschreiben. Wir werden vielmehr schliessen dürfen, dass sie es waren, welche die Erfindung vorbereiteten. Wir können den Zeitraum, in dem sie lebten, (bis zum 17. Jahrhundert) als die Vorbereitungszeit der Erfindung bezeichnen. In ihr wurden nach und nach optische Kenntnisse gesammelt und versucht, dieselben auf praktische Weise zu verwerten. Das Hauptinteresse dieser Zeit wendete sich wohl der an Augenkrankheiten leidenden Menschheit zu, sie von diesen Uebeln zu befreien war das Streben der Optiker, und wie wir aus Porta's Berichten sehen, war es ihm durch Combination der Linsen gelungen, denn er selbst sagt: „Durch „ein Hohlglas sieht man entfernte Gegenstände deutlich, durch „ein erhabenes betrachtet man naheliegende. Weiss man beide „gehörig zu combiniren, so wird man sowohl nahe als ferne „Gegenstände grösser und deutlicher sehen. Ich habe dadurch „vielen Freunden, die schlechte Augen haben, grosse Dienste „geleistet und sie in den Stand gesetzt sehr deutlich zu „sehen".

Es hat also einer ziemlich langen Vorbereitungszeit bedurft ehe die optischen Kenntnisse einen solchen Grad der Reife erreicht hatten, dass die Erfindung des Fernrohrs und Mikroskopes geschehen musste. Wir wollen uns jetzt zum 17. Jahrhundert wenden.

Als von besonderer Wichtigkeit den wahren Erfinder des Fernrohres zu finden erscheint hier die Schrift des Borellus: „De vero telescopii inventore", weil in ihr zwei gerichtliche Dokumente und ein anderes scheinbar noch glaubwürdigeres Zeugniss sich findet. Allein wir werden später sehen, dass nach den neuesten Untersuchungen auch diese nicht als ganz glaubwürdig anzusehen sind. Dennoch aber sind sie von solcher Wichtigkeit, dass ihre Aufnahme hier nöthig erscheint, zumal sie bis zum Jahre 1831 die einzigen Zeugnisse waren, von denen man glaubte, dass sie über den wahren Erfinder Aufschluss geben könnten.

Der Inhalt des einen Dokumentes ist in Kürze folgender.

Zacharias Joannides hat, wie sein Sohn Joannes Zacharides in Middelburg aussagt, im Jahre 1590 das Teleskop erfunden. Die Länge desselben überstieg nicht 15—16 Zoll, und erst im Jahre 1618 gelang es dem Zacharias Joannides, im Verein mit Joannes Zacharides, längere Teleskope zu construiren. Eines der kurzen Teleskope wurde dem Prinzen Moritz von Nassau, ein anderes dem Erzherzoge Albert überreicht. Im Jahre 1620 erst kam Metius nach Middelburg und versuchte, so gut als er konnte, das Teleskop nachzumachen. Dasselbe versuchte auch Cornelius Drebbel. Die Schwester des Zacharias Joannides, mit Namen Sara Goedarda, versicherte ebenfalls, dass sie gesehen, wie ihr Bruder dergleichen Teleskope angefertigt habe, ohne aber die Zeit der Erfindung angeben zu können.

Dies Dokument lautet wörtlich:

„Nos consules, Scabini et Consilarii civitatis Middelburgii „in Selandia jussimus, audiri et examinari Joannem Zachari- „dem, confectorem conspiciliorum in civitate nostra, aetatis „qui esset, annorum quinquaginta duorum, et etiam Saram „Goedardam, quae inhabitat aedes, quarum signum est crux „aurea, in porta interiori hujus civitatis, de cognitione certa, „quae apud illos simul et singulos eorum esset: quisnam vi- „delicet homo in hac dicta civitate prima conspicilia longa, „sive telescopia confecerit. Illi ad interrogata responderunt „et declararunt haec, quae sequuntur: Et primo praedictus „Joannes Zacharides affirmavit, illa telescopia primum esse „inventa et confecta a patre suo, cui nomen erat Zacharias „Joannides; idque contigisse, ut saepe inaudiverat, in hac ci- „vitate anno Christi 1590. Quod tamen longissimum tele- „scopium, illo tempore confectum, non excessit quindecim aut „sedecim pollicum longitudinem. Affirmavit, tunc duo talia „telescopia oblata fuisse, unum videlicet illustrissimo prin- „cipi Mauritio alterum vero Archiduci Alberto, et tantae si- „milis longitudinis telescopia in usu fuisse usque in annum „1618. Tunc demum (ut affirmavit hic testis) ipse et pater „ejus, nempe praedictus Joannes et Zacharias Joannides, invene-

„runt fabricam et compositionem longiorum telescopiorum, qui-
„bus etiam nunc utuntur nocte ad inspiciendas stellas et lu-
„nam. Insuper affirmavit, quendam nomine Metium, anno
„1620 advenisse Middelburgum et comparasse tale telescopium,
„cujus confectionis modum conatus est imitari, quantum po-
„tuit. Idem et tentasse Cornelium Drebellium. Insuper dixit
„hic testis, cum haec sunt inventa, patrem suum inhabitasse
„aediculas, quae sunt in coemetrio templi novi, ubi nunc sub-
„hastatio rerum publice fit.

„Post hunc audita est et deposuit Sara Goedarda, et
„affirmavit, jam esse fere 42 aut 44 annos circiter (nam de
„certo praefixo tempore non poterat dicere) cum conspicilia
„longa in hac civitate primum a fratre ejus, Zacharia Joan-
„nide, jam mortuo, confecta sint, qui habitavit aedes prope
„monetam, junctas templo novo. Scientiae suae rationem
„dixit, quod illa vidisset innumeris vicibus fratrem conficien-
„tem talia telescopia.

„In fidem dictorum Nos consules et Scabini praedicti
„haec sigillo minori nostrae civitatis jussimus firmari, et per
„unum ex numero secretariorum nostrorum subscribi, tertio
„die mensis Martii anno 1655.“

Subsignatum

Locus sigilli.

SIMON VAN BEAUMONT.

Dieses Dokument, dessen Wahrheit man, da die Angaben
sämmtlich von Verwandten herrühren, leicht anzweifeln könnte,
erfährt seine Bestätigung durch ein anderes Dokument, das
völlig unparteiisch zu sein scheint. Es ist dies ein Brief des
holländischen Gesandten Borelius an den Herausgeber Borellus. Sein Inhalt ist kurz folgender: Borelius, geboren im
Jahre 1591, wohnte schon als Knabe in der Nähe des Brillen-
machers Hans und der Sohn desselben, Zacharias, war sein
Freund und Spielgenosse. Borelius giebt nun an oft gehört
zu haben, dass beide die Mikroskope erfunden hätten, die sie
dem Prinzen Moritz von Nassau und dem Erzherzoge Albert

übergaben. Der letztere schenkte es aber dem Cornelius Drebbel, bei dem Borelius es zum ersten Male sah, als er Gesandter in England war.

Seiner Beschreibung nach war dies Instrument $1^1/_2$ Fuss lang, sein Rohr war vergoldet und hatte einen Durchmesser von 2 Zoll; es stand auf 3 ehernen Delphinen, und das Fussgestell war von Ebenholz. Sah man durch das Instrument auf die darauf gelegten kleinen Gegenstände, so erschienen dieselben beträchtlich grösser. Erst das Jahr 1610 führte sie zur Erfindung des Fernrohrs. Eines derselben verehrten sie wieder dem Prinzen Moritz, aber dieser, der sich von der Erfindung gute Dienste für kriegerische Zwecke versprach, hielt die Erfindung wie ein Geheimniss verwahrt und bewog den Erfinder durch eine beträchtliche Geldsumme über die Erfindung zu schweigen. Trotzdem aber hatte sich auf unaufgeklärte Weise das Gerücht der Erfindung weiter verbreitet, und eines Tages kam ein Mann nach Middelburg um das Geheimniss kennen zu lernen. Der Zufall wollte es nun, dass er nicht zu dem eigentlichen Erfinder, sondern zu einem in der Nähe wohnenden Brillenmacher Joannes Laprey ging. Dieser forschte nun den Mann über die neue Erfindung aus, und durch eigenes Nachdenken gelang es ihm alsdann ein Teleskop zu construiren. Dieses stellte er als das erste zum Verkauf aus. Erst im Jahre 1620 gingen Adrian Metius und Cornelius Drebbel zu dem eigentlichen Erfinder Zacharias Joannides, um die Einrichtung der Teleskope kennen zu lernen, in der Absicht, sie dann noch zu vervollkommnen. Das letztere nun ist besonders durch den Italiener Galilei geschehen. Dieser Brief des Borelius lautet wörtlich:

GUILELMUS BORELIUS
Belgii Uniti legatus
Petro Borello, medico regio,
S. P.

„Petis a me, ut quae comperta habeam de telescopii si-
„derei inventione, tibi per epistolam, id est breviter, declarem.
„Accipe igitur, quae dicam. Middelburgum, Selaudorum Me-

„tropolis, mihi patria est. Juxta aedes, ubi natus sum, in
„foro olitorio, templum novum est, cujus parietibus nectuntur
„aediculae quaedam, satis humiles. Harum unam, prope por-
„tam monetariam occidentalem, inhabitabat anno 1591, cum
„natus sum, quidam conspiciliorum confector, nomine Hans
„(uxor ejus Maria) qui filium habuit praeter filias duas, Zachariae
„nomine, quem novi familiarissime, quia puero mihi vicino
„vicinus ab ineunte tenerrima aetate colludens semper adfuit,
„egoque puer in officina ipsi saepiuscule adfui. Hic Hans,
„id est Joannes, cum filio suo Zacharia, ut saepe audivi, mi-
„croscopia primi invenere, quae principi Mauritio, gubernatori
„et summo duci exercitus Belgicae foederatae obtulerunt, et
„honorario aliquo donati sunt. Simile microscopium postea
„ab ipsis oblatum fuit Alberto, Archiduci Austriaco, Belgicae
„regiae supremo gubernatori. Cum in Anglia anno 1619 le-
„gatus essem, Cornelius Drebelius, Alkmarianus Hollandus,
„vir multorum secretorum naturae conscius, ibique regi Jacobo
„in mathematicis inserviens, et mihi familiaris, ostendit illud
„ipsum instrumentum mihi, quod Archidux ipsi Drebelio dono
„dederat, videlicet microscopium Zachariae istius, nec erat
„(ut nunc talia monstrantur) curto tubo, sed fere ad sesqui-
„pedem longo, cui tubus ipse erat ex aere inaurato, latitudinis
„duorum digitorum in diametro, insidens tribus delphinis ex
„aere, itidem subnixis in basis disco ex ligno Ebeno, qui
„discus continebat impositas quisquilias, aut minuta quaeque,
„quae desuper inspectabamus forma ampliata ad miraculum
„fere maxima. Ast longe post, nempe anno 1610 inquirendo
„paulatim etiam ab illis inventa sunt Middelburgi telescopia
„longa siderea, de quibus tibi res est, et unde lunam et re-
„liquos planetas, stellas et sidera inspectamus, quorum specimen
„unum principi Mauritio etiam obtulit, qui illud inter secreta
„custodivit, usui futurum forte in expeditionibus bellicis. Ut
„tamen rumor tam mirandi novi inventi increbuit, et jam in
„Hollandia et alibi de auctore loquerentur homines curiosi,
„vir quidam hactenus ignotus ex Hollandia Middelburgum venit
„apud auctorem, inquisiturus super secreto isto. Qui cum

„quaereret conspiciliorum confectorem, in dicta civitate degentem
„in aedibus parvis, innixis templo novo, casu incidit in Joannem
„Lapreyum, etiam conspicillificem in vico Caponario, etiam
„aediculas templo novo innitentes inhabitantem; credens, se
„esse apud verum inventorem, qui exigua tantum distantia ab
„illo Lapreyo, in altero latere templi dicti, et angulo satis
„obscuro morabatur. Et cum Lapreyo sermones de secreto
„telescopii habuit, qui, homo ingeniosus et observator anxius
„omnium, quae vir ille aperuit, etiam quaestiones et lunularum
„sive lentium comparationes jam longas, jam proximas con-
„siderans, post dictum Zachariam Joannidem egregia industria
„ac cura eadem telescopia longa invenit, et confecit ad pla-
„citum istius viri peregrini. Quare merito hic Joannes La-
„preyus etiam pro inventore secundo audiri potest, cum ingenii
„sui acumine rem non monstratam detexit ex eventu, quod
„dixi fecitque illa telescopia sua publici juris et primus divul-
„gavit.

„Res et error tamen brevi sese manifestavit, nam Adrianus
„Metius, Alkmarianus mathematices professor, et post eum
„Cornelius Drebelius supra nominatus, re cognita 1620 Middel-
„burgum venerunt, et non Joannem Lapreyum, sed Zachariam
„Joannidem adierunt, a quo singuli telescopia pretio compa-
„rarunt, et multis observationibus et curis, sicut et Galilaeus
„a Galilaeis, Florentinus Italus, et alii multi doctissimi viri
„rem inventam magnopere illustrarunt, inventi primi tamen
„honore apud illos duos Middelburgenses in solidum manente.
„Quibus ego seu primis Middelburgensibus seu adornatoribus
„per hanc meam epistolam nihil quicquam detractum iri volo.
„Vale, vir doctissime, et iis, quae experientia et memoria satis
„certa mihi dictavit, utere, si lubet.

„Dabantur Lutetiis, nona die mensis Julii anno 1655.“

Zweifelhaft und befremdend in diesem Briefe bleibt der
Umstand, dass schon vor der Erfindung der Teleskope die
Mikroskope bekannt gewesen sein sollen; denn ein solches
kann das von Borelius zuerst beschriebene Instrument nur
sein. Beachtet man, dass alle Teleskope damaliger Zeit Zer-

streuungsgläser als Oculare hatten, so bleibt kein Zweifel, dass auch jene Mikroskope solche Einrichtungen hatten. Borelius, an dessen Aussage zu zweifeln scheinbar kein Grund vorhanden ist, giebt in seinem Berichte nichts über die innere Einrichtung dieses Mikroskopes an.

Huyghens aber ist der Ansicht, dass sowohl die einfachen wie die zusammengesetzten Mikroskope erst nach der Erfindung der Teleskope bekannt geworden seien. Er glaubt dies daraus schliessen zu können, dass Hieronymus Sirturus in seiner im Jahre 1618 erschienenen Abhandlung: „Ueber die Fernröhre", des Mikroskopes keiner Erwähnung thut, welches er jedenfalls nicht mit Stillschweigen übergangen haben würde, falls er es gekannt hätte. Huyghens schreibt die Erfindung der zusammengesetzten Mikroskope dem Cornelius Drebbel zu, da ihm von Vielen erzählt worden sei, dass Drebbel schon 1621 ein Mikroskop in London gehabt, und man ihn allgemein als den Verfertiger desselben angesehen hätte. Diese Ansichten von Huyghens sind aber, wie leicht zu sehen, nicht glaubwürdig, denn Sirturus konnte unmöglich jenen Brief des Borelius kennen, der des Mikroskopes Erwähnung thut und angiebt, wie Drebbel zu seinem Mikroskope gekommen ist. Wohl aber kannte Huyghens jenen Brief, und er muss jene Stelle unbedingt übersehen haben, sonst hätte er einem solchen Irrthum unmöglich anheimfallen können. Aber auch Franciscus Fontana nimmt die Priorität der Erfindung für sich in Anspruch, indem er vorgiebt dieselbe schon im Jahre 1618 gemacht zu haben. Er stützt sich dabei auf ein Zeugniss des Hieronymus Sirsalis, in welchem steht: „Ego Hieronymus Sirsalis, soc. Jesu S. T. P. in collegio Neapo-„litano, omnibus testatum volo, me circiter annum 1625 in „domo perillustris viri, ac patri soli Parthenopaei decoris, „Fr. Fontanae, vidisse microscopium, et non multo post tem-„poris intervallo telescopium, e duobus convexis ab ipso mira „arte compositum, ut merito divino ejus ingenio tam praeclara „inventa accepta referenda sint.

„Telescopium vero e convexo et concavo compactum,

„fateor eo perfectionis ab eodem perductum, ut, licet multa ac
„fere omnia, quae Neapolin ex variis partibus illata sunt, per-
„spexerim, ut sum hac in re percuriosus, nullum tamen viderim,
„quod conferendum, nedum praeferendum sit iis, quae Fontana
„elaboraverat. Quare multum quidem debent tam posteri
„nostro saeculo, quam exteri nostrae urbi, quod virum dederint,
„qui tantum bene meretur de omni aetate de toto orbe."

Diesem Zeugnisse gemäss wäre also Fontana der Erfinder des Mikroskopes mit zwei convexen Linsen gewesen, und da Niemand weiter Anspruch auf diese Erfindung erhoben hat, so ist kein Grund vorhanden, dieses Zeugniss als unglaubwürdig zu halten, und dem Fontana die Priorität der Erfindung abzusprechen. Poggendorf aber ist der Ansicht, dass auch Fontana nicht der eigentliche Erfinder sein könne, da Sirsalis im Jahre 1614 bei Fontana ein Fernrohr und 1618 ein Mikroskop gesehen habe, beide aber seien nach Poggendorf schon früher erfunden worden.

In Betreff des Fernrohres müssen wir uns dieser Meinung anschliessen, nicht aber in Bezug auf das Mikroskop. Poggendorf begeht hier den Irrtum, das in dem Briefe des Borelius erwähnte Mikroskop als ein solches mit zwei convexen Gläsern zu halten, wie es uns heute bekannt ist, und wie dasjenige des Fontana war. Wir haben aber bereits darauf hingewiesen, dass, wenn Fernrohr und Mikroskop zu gleicher Zeit erfunden sind, sie auch beide aus einer concaven und einer convexen Linse zusammengesetzt waren, denn Combinationen von nur convexen Linsen hatte man noch nicht gemacht. Wie die Einrichtung dieser Mikroskope gewesen ist, oder ob es überhaupt solche waren, darüber fehlen uns die Nachrichten. Jedenfalls aber haben wir keinen triftigen Grund, dem Fontana hierbei die Priorität der Erfindung abzusprechen. Wunderbar bleibt es indessen, dass er diese Linsencombination nicht auch auf das Fernrohr übertragen hat, so dass er dem grossen Keppler zuvor gekommen wäre.

Seine Ansprüche auf die Erfindung des Fernrohres, die er 1608 gemacht haben will, und des Mikroskopes, erhob er

erst im Jahre 1646 in seiner Schrift: „Novae coelestium ter-
restriumque rerum observationes."

Das dritte der von Borellus angeführten Dokumente nennt
Laprey als Erfinder des Fernrohres. Es lautet: „Nos con-
„sules, Scabini et Consularii civitatis Middelburgii in Selandria
„jussimus, audiri et examinari viros, quorum nomina sequuntur,
„videlicet primo Jacobum Wilhelmi, custodem aedium aerarii
„mercatorii, aetatis fere annorum 70; pariter Adwoldum Kien,
„nostrae civitatis nuntium Antwerpiensem, annorum 67; denique
„Abrahamum Junium, in hac civitate fabrum ferrarium, aetatis
„77 annorum.

„Interrogati cum essent super cognitione et scientia eorum,
„sive junctim, sive separatim de auctore sive inventore, qui
„primus in hac civitate fabricavit sive composuit conspicilia
„longa, sive telescopia, de re illa declararunt et attestati sunt
„eo modo, ut sequitur: Primus ille, nempe Jacobus Wilhelmi
„ait, virum illum nominatum fuisse Joannem Lapreyum, et
„habitasse in vico hujus civitatis, dicto Caponario in aedibus
„ipsis, quas in praesenti inhabitat sartor pannarius, aut vicinas
„eis de quo dubitat. Dixit, illum ipsi notum fuisse, dum
„conspicilia faceret, et etiam postea, cum tubos longos sive
„telescopia fabricaret, et hoc factum esse jam ante elapsos
„fere 50 annos. Ait, dictum Lapreyum mortuum esse, ut
„putat, jam 20 annis praeteritis, sed bene ipsi constare, La-
„preyum illum in hac civitate obiisse. Rationem depositionis
„addidit, quod hic testis ipsi vicinus propior fuerit, ex distantia
„solum modo quatuor aut quinque domuum, et bene notum
„ipsi esse; insuper dictum Joannem Lapreyum, cum primum
„telescopium ab ipso constructum obtulisset Mauritio principi,
„ab Excellentia illius dono donatum fuisse, sicut tum temporis
„inaudivit.

„Edwoldus vero Kien deposuit et declaravit nomen homi-
„nis istius, qui telescopia solebat facere, esse Joannem La-
„preyum Vesalium, et habitasse in vico Caponario, contra
„templum novum aedibus junctis, quibus insigne erat telesco-

„pium, juxta domum, cujus signum est serpens, quarum aedium
„proprietarius fuit Lapreyus. Affirmavit etiam hic, anno 1610
„incepisse Lapreyum conficere dicta telescopia, mortuum vero
„esse mense Octobri 1619, et ibidem sepultum esse. Rationem
„addidit hic testis scientiae suae, quod Lapreyi istius filiam
„in uxorem habuerit, et quod dictus Lapreyus dominis ordi-
„nibus, et Mauritio principi ex telescopiis suis aliqua obtulit
„sub donativo, et privilegio in triennium ipsi concesso.

„Denique Abrahamus Junius etiam attestatus fuit et de-
„claravit, primum hominem, qui in hac civitate tubos longos
„confecit, nominatum fuisse Hans, id est Joannem, non ob-
„servato cognomine ipsius, sed vulgo dictum Joannem con-
„spillificem; eumque inhabitasse vicum Caponarium hujus
„civitatis, quanquam ignoret, quibus praecise in aedibus; et
„jam elapsis, ut rebatur, circiter 45 aut 46 annis Joannem
„illam prima conspicilia illa longa fabricasse ipsumque inno-
„tuisse huic testi multis annis ante, cum nondum conspicilifex
„esset, sed opera erat fabri murarii. Rationes scientiae suae
„dedit, quod hic testis in vicinia ipsius Joannis in vico de
„Wall dicto, iisdem in aedibus, quibus nunc, inhabitavit per
„annos fere 50, et exequias istius Joannis comitatus est. Ait
„etiam, vere se nosse et saepe inaudivisse, praedictum Joannem
„fecisse tubos longos, et telescopia in usum illustrissimo prin-
„cipi Mauritio.

„Nos Consules et Scabini supradicti in fidem hoc instru-
„mentum fecimus muniri sigillo minori civitatis nostrae et
„signari ab uno secretariorum nostrorum, tertio die mensis
„Martii anno 1655.“

Signatum

Locus sigilli.

Simon van Beaumont.

Wir haben damit die von Borellus angeführten Dokumente mitgeteilt, aber es ist noch die Nachricht anzuführen,
die Sirturus giebt, nachdem er eine wissenschaftliche Reise
durch Deutschland unternommen hatte. Dieselbe hatte hauptsächlich den Zweck, alles auf die Geschichte und Verfertigung

des Fernrohrs sich Beziehende zu sammeln, und erstreckte
sich über Venedig nach Spanien, Rom, Inspruck und Wien.
Die Resultate seiner Beobachtungen giebt er selbst in seinem
Werke: „De origine et fabrica telescopiorum" folgendermassen an:

„Adiit 1609 seu genius, seu alter vir adhuc ignotus, Hol-
„landi specie, Middelburgi in Selandia Joannem Lipperseim
„(is vir est solo adspectu insigne aliquid prae se ferens, et
„perspiciliorum artifex nemo alter est in ea urbe) et jussit,
„perspicilia plura tam cava, quam convexa confici. Condicto
„die rediit, absolutum opus cupiens, atque, ut statim habuit
„prae manibus, bina suscipiens, cavum scilicet et convexum,
„unum et alterum oculo admovebat, et sensim dimovebat, sive
„ut punctum concursus, sive ut artificis opus probaret. Postea
„soluto artifice abiit. Artifex, ingenii minime expers, et no-
„vitatis curiosus, coepit idem facere ac imitari, nec tarde na-
„tura suggessit, tubo haec perspicilia condenda. Ubi unum
„absolvit, advolavit in aulam principis Mauritii, et hoc inven-
„tum abtulit!"

Wie man hieraus sieht, streitet der Verfasser dem Lipperseim oder Laprey das Recht der Priorität der Erfindung
des Fernrohrs ab, ohne aber anzugeben, wen er denn für den
eigentlichen Erfinder halte. Eine Unwahrheit ferner liegt in
der Angabe, dass Laprey nur der einzige Brillenschleifer in
Middelburg gewesen sein soll, denn alle übrigen Nachrichten
sagen gerade das Gegenteil. Bemerkenswert aber ist es, dass
die Jahreszahlen zwischen 1608, 1609 auch 1610 schwanken,
und es ist unmöglich, aus diesen Berichten die richtige Zahl
zu nehmen. Wohl zu bemerken ist ferner, dass die beiden
zuletzt angeführten Berichte sich widersprechen, während der
letzte im Einklang mit dem Briefe des Borelius steht.

Rheita giebt den Joannes Lippersum als den Erfinder
und 1609 als Jahreszahl der Erfindung des Fernrohres an.
Er erzählt, dass Lippersum die Wichtigkeit seiner Erfindung
zuerst gar nicht eingesehen und sich nur über den Erfolg derselben gefreut habe. In seiner Freude befestigte er das In-

strument so, dass man nach einem Hahne sehen konnte, der sich auf einer Kirchthurmspitze befand. Lippersum zeigte den Vorübergehenden, wie vergrössert und näher gerückt derselbe durch das Instrument erschien.

Die Nachricht von dem merkwürdigen Instrumente hatte sich bald weit verbreitet, und Jedermann eilte herzu, um sich von der Wahrheit zu überzeugen. Sehr bald hatte man auch die Wichtigkeit der Erfindung erkannt, und der Marquis von Spinola, welcher der Friedensverhandlungen wegen in dem Haag gewesen war, kaufte sich sogleich ein Fernrohr und schenkte es dem Erzherzoge Albert. Ein zweites Fernrohr verkaufte Lippersum an einen Fremden, der ihm eine grosse Summe Geldes dafür gab unter der Bedingung, dass er in Zukunft kein ähnliches Fernrohr anfertigen und verkaufen sollte. Hätte sich der Ruf der neuen Erfindung nicht schon weit verbreitet gehabt, so wäre die letzte Bedingung hinreichend gewesen, um die Entwickelung des Fernrohres zu hemmen, oder dasselbe gar der Vergessenheit anheim zu geben.

Die Kunde von dem neu erfundenen wunderbaren Instrumente hatte sich mit grosser Schnelligkeit über ganz Europa verbreitet, und noch in demselben Jahre der Erfindung gelangte sie nach Frankreich. Die ausserordentlichen Gesandten des Königs Heinrich IV bei den General-Staaten, Jeanin und Russy, schickten am 28. December 1608 ein Schreiben an ihren Monarchen, worin sie ihm den Ueberbringer desselben, Crepi aus Sedan, empfahlen, als einen Mann, der lange im Heere des Prinzen Moritz gedient und mit mehreren für den Krieg nützlichen Erfindungen vertraut sei, besonders aber mit der Construktion der neu erfundenen Fernröhre. Sie fügten dann noch hinzu, dass sie gern die Gelegenheit benutzt haben würden, um Ihro Majestät ein Exemplar der Middelburger Fernröhre zu senden, allein der Künstler habe sich geweigert, ein solches zu verkaufen, indem er vorgab, dass ein Vertrag ihm nur erlaube, für die Generalstaaten zu arbeiten.

Das Merkwürdigste dabei aber ist die Antwort Heinrichs IV,

die er am 8. Januar 1609 den Gesandten zugehen liess. Sie lautet: „Ich werde die Fernröhre, von denen Sie in Ihrem „letzten Briefe reden, mit Vergnügen annehmen, wie wohl „mir jetzt ein Instrument, um die Dinge in meiner Nähe zu „sehen, viel nöthiger wäre als eins zum Sehen in die Ferne". Man kann sich nicht verschliessen, dem Könige hierin Recht zu geben; für ihn wäre es von Wichtigkeit gewesen, das zu erkennen, was in seiner unmittelbarsten Nähe vorging, das Ferne zu erkennen, wäre für ihn erst in zweiter Linie wichtig gewesen. Hätte er ein Instrument gehabt, um die Dinge in seiner Nähe zu sehen und zu erkennen, so hätte er vielleicht seinem traurigen Schicksale entgehen können, so aber wurde er auf meuchelmörderische Weise am 14. Mai 1610 ermordet, und es war wohl nur eine bange Vorahnung seines Schicksals, die ihn antrieb, seinen Gesandten eine solche Antwort zu geben. (Siehe Anhang.)

Verschiedene Nachrichten weisen darauf hin, dass trotzdem die Verbreitung des Fernrohrs in Frankreich nur eine sehr langsame war, und besonders trug dazu bei, dass der sonst so verdiente Astronom und Beschützer der Astronomie Peiresc noch im Jahre 1622 die Wirkung der Fernröhre bezweifelte.

Nach England kamen die Fernröhre schon ziemlich früh, und v. Zach giebt in den monatl. Korrespond. (VIII. 3077) an, dass der englische Astronom Harriot schon am 16. Januar 1610, also vor Galilei, die Jupitertrabanten beobachtet habe.

Allein es hat sich diese Angabe als falsch herausgestellt, da Harriot erst am 17. October 1610 seine Beobachtungen begann. Zu erwähnen aber ist, dass Christoph Heydon im Sommer 1610 die Plejaden durch ein Fernrohr, das er Trunk nennt, beobachtete, und dies in einem Briefe an Camden mitteilte.

Wir haben nun noch die Ansprüche zu untersuchen, welche Deutsche und Italiener auf die Erfindung des Fernrohrs erheben.

In Deutschland will man für Simon Marius, eigentlich Mayr, [geb. 1570 zu Gunzenhausen und gest. 1624 als Hofastronom des Markgrafen Georg Friedrich zu Anspach], das Recht der Erfindung in Anspruch nehmen, indem man folgende Umstände anführt. Auf der Michaelis-Messe 1608 zu Frankfurt a. M. wurde dem Brandenburg-Anspachschen Geh. Rath Philipp Fuchs von Bimbach von einem Holländer ein Fernrohr zum Kauf angeboten. Das Objectiv desselben hatte aber einen Sprung, und der geforderte Preis war ein so hoher, dass der Handel sich völlig zerschlug. Bimbach kehrte nach Anspach zurück, erzählte dem dortigen Astronomen Marius von dem neuen Instrumente, und dieser wurde dadurch veranlasst Versuche mit concaven und convexen Gläsern anzustellen, indem er zwei dieser Gläser combinirte. Auf diese Weise gelang es ihm ein Fernrohr zu construiren. Seine Versuche, grössere Linsen zu erhalten, zu deren Ausführung er die Gypsmodelle selbst verfertigte, scheiterten daran, dass der Künstler nicht im Stande war, solche Linsen zu machen und zu schleifen. Im Jahre 1609 erhielt Bimbach ein gutes Fernrohr, und mit diesem will Marius die Jupitertrabanten am 29. December 1609 entdeckt haben. Er teilt seine Beobachtungen mit in dem von ihm herausgegebenen Fränkischen Kalender, oder Practica von 1612, und in seinem Werke: „Mundus Jovialis, anno 1619 detectus, ope perspicilli Belgici. November 1614.“ Da er aber erst in diesen Werken von seiner Entdeckung spricht, nachdem Galilei dieselbe schon in dem Sidereus nuncius vom Jahre 1610 bekannt gemacht hatte, so ist es des Marius eigne Schuld, wenn man in die Wahrheit seiner Aussage Zweifel gesetzt hat. Er nannte die Jupitermonde Sidera brandenburgica, zu Ehren der brandenburgischen Markgrafen Friedrich, Christian, und Joachim Ernst, auf deren Kosten er drei Jahre lang in Italien studiert hatte, und die ihn als Mathematiker in ihre Dienste genommen hatten.

Descartes äussert sich über die Erfindung des Fernrohres in seiner Dioptrik. 1637, discours I, folgendermassen: „A la

„honte des nos sciences cette invention si utile et si admi-
„rable n'a premierement esté trouvée, que par l'experience
„et la fortune. Il y a environ trente ans, qu'un nommé
„Jaques Metius de la ville d'Alcmar en Hollande, (homme qui
„n'avoit jamais etudié, bien qu'il eust un pere et un frere, qui ont
„fait profession des mathematiques, mais qui prenoit particu-
„lierement plaisir à faire des miroirs et verres bruslans, en
„composant mesme l'hyver avec de la glace, ainsi que l'ex-
„perience a monstré, qu'on en peut faire) ayant à cete occa-
„sion plusieurs verres de diverses formes s'avisa par bonheur,
„de regarder au travers de deus, dont l'un estoit un peu plus
„espais au milieu, qu'aux extremités, et l'autre au contraire
„beaucoup plus espais aux extremités, qu'au milieu, et il les
„appliqua si heureusement aux deus bouts d'un tuyau, que
„la premiere de lunettes, dont nous parlons en fut composé“.

Nach dieser Mitteilung wäre also Jakob Metius, der
Bruder des bekannten Geometers Adrian Metius, der Erfinder
des Fernrohres. Allein dieser Nachricht ist durchaus keine
Glaubwürdigkeit anzurechnen, da sie erstens in Widerspruch
mit allen übrigen steht, denn nach diesen ist Jakob Metius
erst 1620 nach Middelburg gekommen, und zweitens Descartes
nicht angiebt, welches die Quellen sind, aus denen er geschöpft hat. Auch in der Magia univ. nat. et artis von
Schott wird Jacob Metius als Erfinder genannt.

Im Jahre 1611 erschien von Antonius de Dominis ein
Werk: „De radiis visus et lucis in vitris perspectivis et iride,
tractatus M. Antonii de Dominis, per Joannem Bertolum in
lucem editus. Venetiis 1611“, in dessen Vorrede, die von
Joannes Bartolus verfasst ist, Galilei zum ersten Male als
Erfinder genannt wird. Es heisst daselbst: „Sciscitari saepius
„placuit quidam (M. Ant. de Dominis) de novo instrumento
„illo sentiret, quod nuper ad inspicienda, quae sunt remotis-
„sima, a nostrate viro, insigni mathematico Galileo, in lucem
„editum ferebatur, et Venetiis potissimum publicatum.“

Allein Galilei selbst weist den Ruhm eines Erfinders
folgendermassen zurück: „Vor ungefähr zehn Monaten“, sagt

er in seinem im Anfange des Jahres 1610 erschienenen Werke: „Sidereus nuncius, magna longeque admirabilia Spec-„tacula pandens, suspiciendaque proponens unicuique, prae-„sertim vero philosophis atque astronomis, quae a Galileo „Galilei patricio Florentino, Patavini Gymnasii publico mathe-„matico, perspicilli nuper a se reperti beneficio sunt observata „in Lunae facie fixis innumeris, lacteo circulo, stellis nebu-„losis, apprime vero in quatuor planetis, circa Jovis stellam „disparibus intervallis atque periodis, celeritate mirabili cir-„cumvolutis; quos, nemini in hanc usque diem cognitus, no-„vissime auctor deprehendit primus, atque Medicea sidera nun-„cupandos decrevit. Venetiis 1610; Francof. 1610; London „1653; Bononiae 1655,“ „erfuhr ich, dass in Belgien ein In-„strument erfunden sei, durch welches man entfernte Gegen-„stände deutlich sehen könne, und mancherlei wunderbare Ge-„rüchte wurden über diese Erfindung verbreitet, die von „Einigen bezweifelt, von Anderen geglaubt wurden. Als mir „Jacob Badovere in Paris eben diese Nachrichten gab, sann „ich darüber nach, auf welche Weise ein solches Instrument „zu construiren sein möchte, und hatte bald darauf, von den „Gesetzen der Dioptrik geleitet, mein Ziel erreicht. An den „Enden eines bleiernen Rohres befestigte ich zwei Gläser, ein „planconvexes und ein planconcaves. Als ich das Auge dem „letzteren näherte, sah ich die Gegenstände etwa dreimal „näher und neunmal grösser, als wenn ich sie mit unbewaff-„netem Auge betrachtete. Bald hatte ich ein besseres Instru-„ment verfertigt, das eine mehr als 60 malige Vergrösserung „gab. Da ich keine Arbeit und keine Kosten scheuete, kam „ich endlich dahin, ein so vortreffliches Instrument zu er-„halten, dass mir die Gegenstände beinahe 1000 mal grösser „und mehr als 30 mal näher erschienen.“ (Siehe Anhang.)

In diese Angaben sind verschiedentlich Zweifel gesetzt worden, so z. B. von Schleiner und Montucla und zwar nicht mit Unrecht. Die Dioptrik war damals noch zu sehr in ihrem Anfangsstadium, als dass rein aus ihr heraus eine solche Erfindung hätte gemacht werden können, es konnte nur der Zufall sein, der sie herbeiführte. Ferner aber fordert die Theorie nicht, dass man gerade eine Sammel- und eine Zerstreuungslinse mit einander combinire, um die Gegenstände näher und grösser zu sehen, auch andere Combinationen sind dabei möglich. Das Wahrscheinlichste aber ist es, dass Galilei auch nähere Auskunft über die Zusammensetzung des Fernrohres erhalten hat, und besonders die, dass es aus einer Röhre bestehe, an deren beiden Enden sich je ein Glas befindet. Nichtsdestoweniger bleibt aber sein Scharfsinn zu bewundern, und es ist nicht zu viel, wenn er behauptet, durch die Gesetze der Dioptrik auf die Construction des Fernrohrs geführt worden zu sein, bei einem Geiste wie Galilei, der Begründer der neueren Physik, es war, ist dies wohl anzunehmen. Wenn auch zu seiner Zeit das Refraktionsgesetz noch nicht entdeckt war, so wusste man doch schon soviel, dass die auf ein planconvexes Glas parallel auffallenden Strahlen in einem Punkte vereinigt werden, und dass von einem Gegenstande ein umgekehrtes Bild entsteht. Das hohe Verdienst Galilei's besteht aber darin, dass er sofort die grosse Wichtigkeit und Tragweite der neuen Erfindung erkannte und auch sogleich zur Anwendung und Verbesserung derselben schritt.

Die erste Nachricht traf ihn im April oder Mai des Jahres 1609 zu Venedig. Sogleich kehrte er nach Padua, wo er die Professur der Mathematik bekleidete, zurück, um mit Hilfe seiner dort befindlichen Linsen an die Construktion des Fernrohres zu gehen. Dies gelang ihm auch, aber die verwendeten Gläser waren zu unvollkommen, und er suchte sich daher in den Besitz besserer zu setzen. Nachdem er dieselben erhalten, legte er ein damit construirtes Fernrohr den Senatoren der Republik zu Venedig vor, um sie von der Wahrheit der verbreiteten Nachricht zu überzeugen. In der That fand sein Teleskop bei den versammelten Senatoren und Adeligen grossen Beifall, zumal sie damit im Stande waren, auf weite Entfernungen hin Schiffe wahrzunehmen. Nachdem er ein noch besseres Fernrohr construirt hatte, machte er es dem

Dogen Leonardo Donati zum Geschenk, und wurde dann zum Professor an der Universität Padua auf Lebenszeit, mit einem jährlichen Gehalt von 400 Zechinen, ernannt. Als Belohnung für seine Erfindung, und für die Offenheit, mit welcher er dieselbe sofort bekannt gemacht hatte, wurde ihm vom Senate sein Gehalt auf das Dreifache erhöht.

Es gelang ihm nun mit seinem vollkommeneren Fernrohr eine Reihe der wichtigsten Entdeckungen zu machen, Entdeckungen, die zur Stütze des copernikanischen Systemes, und zur Basis unserer neueren Astronomie wurden.

Galilei hatte schon bis dahin eine entschiedene Vorliebe für das copernikanische Weltsystem gezeigt, wie dies besonders aus einem an Keppler gerichteten Schreiben hervorgeht. Dieser Brief ist vom 4. August 1597 und enthält folgende Stellen: „Ich preise mich glücklich, in dem Suchen nach „Wahrheit einen so grossen Bundesgenossen, wie Dich und „mithin einen gleichen Freund der Wahrheit selbst zu be„sitzen. Es ist wirklich erbärmlich, dass es so Wenige giebt, „die nach dem Wahren streben und von der verkehrten Me„thode zu philosophiren abgehen möchten. Aber es ist hier „nicht der Platz, die Jämmerlichkeiten unserer Zeit zu be„klagen, sondern vielmehr Dir zu Deinen herrlichen Erfor„schungen, welche die Wahrheit bekräftigen, Glück zu wün„schen. Ich werde Dein Werk getrost des Ausganges lesen, „überzeugt, darin viel Vortreffliches zu finden; ich will es um „so lieber thun, als ich seit vielen Jahren Anhänger „der copernikanischen Meinung bin und mir dieselbe „die Ursachen vieler Naturerscheinungen aufklärt, welche bei „der allgemein angenommenen Hypothese ganz unbegreiflich „sind. Ich habe zur Widerlegung dieser letzteren viele Be„weisgründe gesammelt, doch wage ich es nicht, sie ans Licht „der Oeffentlichkeit zu bringen, aus Furcht, das Schicksal „unsers Meisters Copernicus zu teilen, der, wenngleich er „sich bei Einigen einen unsterblichen Ruhm erworben hat, „dennoch bei unendlich Vielen (denn so gross ist die Zahl „der Thoren) ein Gegenstand der Lächerlichkeit und des

„Spottes geworden ist. Wahrlich, ich würde es wagen, meine „Speculationen zu veröffentlichen, wenn es mehr Solche, wie „Du bist, gäbe. Da dies aber nicht der Fall ist, so spare „ich es mir auf." Das Fernrohr, dessen er sich zu seinen Forschungen am Himmel bediente, muss, seinen Angaben gemäss, schon einen hohen Grad von Vollkommenheit erreicht haben. Was lag wohl näher, als das neu erfundene Instrument nach dem steten Begleiter unserer Erde, dem Monde, zu richten, nach dessen näherer Kenntniss man schon seit Alters her getrachtet hatte. Wie gross war das Erstaunen Galilei's, als das Fernrohr ihm den Mond, dessen Entfernung er auf sechszehn Erddurchmesser annahm, bis auf zwei Erddurchmesser heranzog und er ihm dabei dreissig mal vergrössert erschien. Die mit blossen Augen dunklen, verwaschenen Punkte des Mondes enthüllten sich jetzt als Berge und Krater, und seine ganze Oberfläche schien ein einziges Gebirge zu sein.

Nächst dem Monde zog Jupiter das Interesse Galilei's auf sich, und mit Hilfe des Fernrohrs gelang es ihm am 7. Januar 1610 neben der Planetenscheibe noch drei kleine leuchtende Pünktchen zu erkennen; später sah er deren nur zwei, und am 20. Januar sah er sämmtliche 4 Satelliten des Jupiter. Weitere Beobachtungen zeigten ihm ferner, dass diese Satelliten ihren Hauptplaneten in Bahnen von ungleicher Weite und in verschieden langen Perioden umkreisen. Diese Monde nannte er zu Ehren des Grossherzogs von Toscana Cosmus II. von Medici, die Medicei'schen Sterne.

Kaum hatte Galilei die Jupitermonde entdeckt, so machte er schon wieder eine andere höchst wichtige Entdeckung, die ihn selbst in das grösste Erstaunen versetzte. Er entdeckte einen Stern, der, wie er sagt, aus drei zusammengehörigen Sternen bestände. Die Unvollkommenheit seines Instrumentes, oder die Stellung des Saturnringes verhinderte es nämlich, dass er den Ring des Saturn als solchen erkennen konnte, er erblickte nur den eigentlichen Planeten und die hell erleuchteten Kanten des Ringes. Bei 30 maliger Vergrösserung seines Fernrohrs erblickte er die Henkel des Ringes und schreibt: „Wenn ich den Saturn beobachte, so erscheint in „der Mitte der grösste Stern, die beiden andern liegen west- „lich und östlich auf einer Linie, welche mit der Richtung „des Tierkreises nicht zusammenfällt und scheinen den Cen- „tralstern zu berühren." Um sich nun die Priorität seiner Entdeckung zu sichern und dabei Zeit zu behalten, diese ihm unerklärliche Erscheinung noch eingehender zu studiren, teilte er seine Entdeckung in einem Anagramm an Keppler mit, das- selbe war folgendermassen gestellt:

„SMAISMRMILMEPOETALEVMIBVNENVGTTAVJRAS"

Keppler suchte umsonst nach der Lösung, denn was er erhielt war der Vers:

„Salve umbistineum geminatum Martia proles."

Er bezog also die neue Entdeckung fälschlich auf den Mars. Erst auf vielseitiges Bitten gab Galilei die Lösung des Ana- gramms in den Worten: (siehe Anhang.)

„Altissimum Planetam tergeminum observavi."

(Den höchsten Planeten habe ich dreigestaltig beobachtet.)

In einem Briefe an Keppler vom 19. August 1610 schil- dert Galilei die Begebnisse, die ihn nach diesen Entdeckun- gen trafen. Auf Bitten des Grossherzogs von Toscana über- liess er diesem sein vorzüglichstes Fernrohr, dessen Vergrös- serung eine tausendfache war, und dieser verwahrte es wie einen Schatz unter seinen übrigen Kostbarkeiten. Galilei er- hielt eine Entschädigungssumme von 1000 Scudi und wurde mit einem jährlichen Gehalte von 1000 Scudi als Professor nach Pisa berufen, woselbst er nur seinen wissenschaftlichen Arbeiten leben und seine Theorie der Mechanik beendigen sollte; ein öffentliches Amt ward ihm nicht auferlegt. Er erhielt sein Bestallungsdecret am 12. Juli 1610 als „erster Mathematiker der Universität Pisa", mit dem Titel „erster Philosoph des Grossherzogs." Die ausserordentlichen Ent- deckungen, die er in dem Sidereus nuncius veröffentlichte, und der bald in Deutschland und Frankreich nachgedruckt wurde, verursachte viele Bewegungen unter den damaligen Naturkundigen und Astronomen, welche zum Teil sich von der Richtigkeit derselben nicht überzeugen konnten. Einige gaben sie für Erdichtungen und Einbildungen aus, Andere gingen soweit, dass sie sich nicht überreden lassen wollten durch ein Fernrohr zu sehen. Die Schriften des Aristoteles waren ihnen allein massgebend, und so sehr hatten sie sich in diesen eingelebt, und so abgeneigt waren sie, aus irgend einer anderen Quelle zu schöpfen, dass sie, als sie die Wahrheit nicht länger leugnen konnten, kein Bedenken trugen, die Entdeckung der Fernröhre dem Aristoteles zuzuschreiben. Sie beriefen sich dabei auf eine Stelle aus ihm, in der er zu erklären versucht, wie man am hellen Tage unten in einer tiefen Grube die Sterne sehen könne, und sagten, dass die Grube soviel als die Röhre wäre, dass die aus ihr aufsteigenden Dünste die Veranlassung zur Einsetzung der Gläser gegeben hätten und endlich, dass beiderseits die Strahlen, indem sie durch ein dichtes und dunkles Mittel gehen, dem Gesichte empfindbarer würden. Galilei erzählt dies selbst und vergleicht diese Leute mit den Alchimisten, welche sich einbilden, dass die Goldmacherkunst den Alten bekannt gewesen sei, aber unter den Fabeln der Dichter verborgen liege. Bemerkenswert ist, dass in neuerer Zeit der amerikanische Astronom Watson eine Einrichtung getroffen hat, um die Auffindung eines intramerkuriellen Planeten, den man vermutete, zu erleichtern, die an diese Anschaung der Alten anknüpft. Die Einrichtung ist nämlich folgende: Auf dem Grunde eines Hügels, dessen Neigung mit dem Horizonte einen Winkel von 45° bildet, wurde ein kleines Gebäude mit einem tiefen Keller errichtet. Ein parallel mit der Erdaxe laufender Tunnel von etwa 18 Zoll Durchmesser und 55 Fuss Länge verbindet diesen Keller mit einem Postamente auf der Spitze des Hügels, auf dem ein Heliostat aufgestellt ist. Die Aufgabe der langen Röhre im Schacht des Kellers ist die, soviel zerstreutes Sonnenlicht als möglich abzuhalten, damit der Beobachter, welcher im Keller seinen Standpunkt hat, leichter

Gegenstände in der Nähe des Sonnenrandes unterscheiden könne, ohne von dem intensiven Glanz des Sonnenlichtes gehindert zu werden. In dem oben erwähnten Briefe dankt Galilei Kepplern, dass er beinahe der Einzige ist, der, ohne die Mediceischen Sterne gesehen zu haben, die Wahrheit dieser Entdeckung nicht angezweifelt hätte. Anfangs September 1610 übersiedelte Galilei und verliess den Ort, an dem er 18 Jahre lang als gefeierter Lehrer gewirkt hatte. Im September desselben Jahres 1610 entdeckte er die Phasen der Venus, und teilte seine Entdeckung an Keppler am 11. Dezember 1610 unter den Worten: „Haec immatura a me jam „frustra leguntur o. y." mit, aus denen die Worte: Cynthiae figuras aemulatur mater amorum, i. e. Venus imitatur figuras lunae sich bilden lassen.

Im October des Jahres 1610 entdeckte er die Sonnenflecken und Sonnenfackeln, teilte aber seine Entdeckung nur seinen nächsten Freunden mit, so dass ihm in der Veröffentlichung Johann Fabricius, Sohn des Predigers David Fabricius zu Ostell in Ostfriesland 13. Juni 1611 und Scheiner, 12. 19. 26. November 1612, zuvorkamen. Wenn auch hier dem Galilei die Priorität nicht zukommt, so war er doch der Erste, der aus der Bewegung der Sonnenflecke auf eine Rotation der Sonne um ihre Axe schloss, und diese Entdeckung versetzte dem ptolemäischen Weltsysteme völlig den Todesstoss. Zu bemerken ist hier noch, dass schon im Jahre 1610 der grosse Keppler einen Sonnenfleck wahrnahm, den er für den an der Sonnenscheibe vorübergehenden Merkur hielt, wie die Abhandlung „Mercurius in sole visus" bezeugt. Erst nachdem Galilei 1610 die Sonnenflecke gesehen hatte, sah auch Keppler seinen Irrthum ein und bekannte ihn in seinen Schriften und Briefen.

Mit Ende März 1611 ging Galilei nach Rom, wo er den Fürsten Cesi, einen die Wissenschaft liebenden Mann, mit seinen Entdeckungen bekannt, und den Kardinälen und dem vornehmen Adel das Vergnügen machte, die von ihm entdeckten Wunder am Himmel, darunter die Sonnenflecken, durch sein Rohr betrachten zu lassen. Sein Hauptzweck war aber wohl der, sich vor einem Angriff von Seiten des Clerus zu decken, da er fühlte, dass seine Entdeckungen von den Ueberzeugungen seiner Zeitgenossen gänzlich abwichen. Es gelang ihm auch, den Papst Paul V und alle Kardinäle für sich zu gewinnen, und die „Accademia dei Lincei" (Akademie der Luchse), welche einige Jahre vorher von dem Fürsten Cesi gegründet worden war, ernannte ihn zu ihrem Mitgliede. So kehrte dann Galilei mit Beifallsbezeugungen überhäuft Anfangs Juni nach Florenz zurück.

29 Jahre genoss Galilei das Vergnügen, den Himmel mit seinen Fernröhren betrachten und die Astronomie mit seinen Wahrnehmungen bereichern zu können. Nachdem aber 1616 seine Werke als falsch und ketzerisch verurteilt worden waren, liess er für lange Zeit alle Beschäftigung mit dem Himmel bei Seite. Während dieses Zeitraums erfand er 1617 seine Testiera, ein Fernrohr für beide Augen, welches er auch Celatone nannte; weil er es an einer Haube, Celata befestigte. Die Priorität dieser Erfindung kann ihm nicht zukommen, da wie wir sahen, schon Lippershey Instrumente für beide Augen construirte.

Allein die übergrosse Anstrengung, die Feuchtigkeit der Nachtluft und der Umstand, dass er bei hellem Sonnenschein häufig im Garten und Weinberge arbeitete, schwächten seine Augen immer mehr, und im Jahre 1638 war er völlig erblindet. Galilei selbst schreibt an seinen Freund Diodati in Paris am 2. Januar 1638: „In Beantwortung Eures mir sehr „angenehmen Schreibens vom 20. November teile ich Euch be„züglich Eurer Nachfrage um meine Gesundheit mit, dass „zwar mein Körper einen etwas besseren Kräftezustand als in „der letzten Zeit wiedererlangt hat, aber ach! verehrter Herr, „Galilei, Euer ergebener Freund und Diener ist seit einem „Monate völlig und unheilbar blind; so zwar, dass dieser „Himmel, diese Erde, dieses Weltall, welche ich mit meinen „merkwürdigen Beobachtungen und klaren Darstellungen hun„dert- ja tausendfach über die von den Gelehrten aller frühe-

„ren Jahrhunderte allgemein angenommenen Grenzen erweitert
„habe, nun für mich auf einen so engen Raum zusammenge-
„schrumpft sind, dass derselbe nicht über jenen hinausreicht,
„den mein Körper einnimmt.“

Kurz vorher, im Jahre 1637, als er schon auf einem
Auge erblindet war, machte er seine letzte Entdeckung am
Himmel: die Libration des Mondes. Diese Erscheinung besteht darin, dass der Mond uns nicht stets genau dieselbe
Hälfte seiner Oberfäche zuwendet, es schwankt vielmehr der
sichtbare Theil sowohl in Richtung von Ost nach West, wie
auch von Nord nach Süd. Es wird uns somit stets mehr,
als gerade die Hälfte der Mondoberfläche zugewendet.

Galilei ertrug indess sein Unglück mit erhabener Geduld
und Ruhe ohne die Heiterkeit seines Geistes zu verlieren.
Gewiss aber war es ein herbes Schicksal, dass gerade der
Mann, dem der Beiname Linceus gegeben war, nicht lange
Zeit nachher sein Augenlicht völlig verlieren und so seine
Studien am Himmel, die ihm so schöne Früchte getragen
hatten, aufgeben musste. Nimmt man dazu noch die Qualen,
die die Inquisition ihm bereitete und die hinreichend bekannt
sind, als dass ich sie zu schildern brauche, so muss man mit
Bewunderung vor solchem Geiste stehen bleiben, der sich
dadurch in seinen Forschungen nicht eher beirren liess, als
bis das Schicksal ihm ein Halt gebot.

Nach einer Angabe des Sirturus sei bereits im Mai 1609
ein Franzose in Mailand gewesen, der dem Grafen Fuentes
ein Fernrohr angeboten und sich als Miterfinder des Instrumentes ausgegeben habe. Dieser Franzose habe sich, als er
in Mailand kein taugliches Glas fand, nach Venedig begeben,
wo die Glasfabrikation damals in hoher Blüthe stand. Es ist
wahrscheinlich, dass der Franzose der bereits im Briefe an
Heinrich IV erwähnte Soldat Crepi gewesen ist.

Aber noch auf einem andern Wege gelangte das Fernrohr nach Italien. Wie aus einem Briefe des Lorenzo Pignora
an Paolo Gualdo vom 31. August 1609 hervorgeht, erhielt der
Kardinal Borghese um diese Zeit ein Fernrohr aus Flandern

zugeschickt. Drittens ist festgestellt, dass ein Italiener Lanccius nach seiner Rückkehr aus Holland, sofort Gläser in Venedig bestellte und da diese sehr gut ausfielen, zu Anfang 1610 zwei solche Linsen an Bimbach nach Anspach schickte.

Wir haben nun Alles mitgeteilt, was auf die Erfindung des Fernrohres Bezug haben könnte und dabei zugleich die Ansprüche zur Sprache gebracht, welche Engländer, Italiener und Holländer erheben. Fassen wir alles Vorhergehende kurz zusammen, so ergiebt sich, dass die Holländer die einzigen sind, welche mit Recht Ansprüche auf die Erfindung des Fernrohrs erheben können. Wir ersehen ferner, dass die meisten der angeführten Thatsachen darauf hinweisen, dass die Erfindung im Jahre 1608 gemacht worden ist. Es ist nun noch zu entscheiden, wer der eigentliche Erfinder gewesen ist.

Alle Umstände aber vereinigen sich zu Gunsten Lipperseim's, und auch die in dem von Borellus angeführten dritten Dokumente genannten Zeugen erklären einmütig den Lipperseim als Erfinder. Man wird aber wohl bemerkt haben, dass in den von Borellus angeführten Dokumenten die Jahreszahlen und sonstigen Angaben bedeutend von einander abweichen. Will man dem Briefe des Gesandten Borelius den meisten Glauben schenken, so wäre Jansen als der erste Erfinder, und Lapprey oder Lipperseim nur als ein zweiter Erfinder anzusehen, da der erstere durch eine hohe Geldsumme von der Veröffentlichung seiner Erfindung abgehalten worden sei.

In der That ist auch bis zum Jahre 1831 Jansen als Erfinder angesehen worden, indem man jene Widersprüche einfach als Gedächtnisfehler der Zeugen ansah und dem Zeugniss des Gesandten unbedingten Glauben schenkte. In diesem Jahre (1831) aber erschienen Auszüge aus den holländischen Staatsarchiven, die von van Swinden, ehemaligem Professor der Physik zu Amsterdam gemacht, und von Professor Moll zu Utrecht veröffentlicht sind. Diese Auszüge, die wir jetzt mitteilen wollen, entscheiden die Streitfrage völlig zu Gunsten Lipperseim's oder Lippershey, wie er hier genannt wird.

In den Archiven der Generalstaaten findet sich vom 17. October 1608 eine Eingabe des bereits öfter erwähnten Metius, worin er sagt: seit zwei Jahren habe er alle seine Zeit dem Glasmachen gewidmet und er habe dabei ein Werkzeug verfertigt, welches die damit betrachteten Gegenstände näher und grösser zeige. Bemerkenswert dabei aber ist seine Angabe, dass dieses Instrument ebensoviel leiste, wie dasjenige, welches ein Bürger und Brillenmacher zu Middelburg kurze Zeit vorher den Generalstaaten angeboten habe. Als Personen, die seine Erfindung besichtigt hätten, nennt er den Prinzen Moritz von Nassau etc. Den Schluss seiner Eingabe bildet die Bitte, ihm ein Privilegium zum Schutze seiner Erfindung zu geben.

Daraus folgt also mit Gewissheit, dass das Jahr 1608 das Jahr der Erfindung war, und dass Jakob Metius, oder wie er richtiger heisst, Jakob Adriaanszoon, nicht die Priorität der Erfindung für sich in Anspruch nimmt, sondern nur behauptet, er könne dasselbe leisten, als ein Middelburger Brillenmacher schon geleistet habe. Darauf wurde ihm von den Generalstaaten geantwortet: Man könne dem Jakob Adriaanszoon nicht eher ein Patent erteilen, als bis er seine Erfindung zu grösserer Vollkommenheit gebracht habe. Diese Antwort der General-Staaten verdross ihn so sehr, dass er die Beschäftigung mit diesem Gegenstande völlig einstellte.

Eine andere Antwort konnten ihm die General-Staaten auch gar nicht geben, denn wie ein in den Archiven zu Haag aufgefundenes Dokument zeigt, hatte sich der von Jakob Adriaanszoon erwähnte Brillenmacher bereits früher um ein Patent beworben. Eine am 2. Oktober 1608 erlassene Verfügung sagt, dass man auf die Eingabe von Franz Lippershey, geboren zu Wesel und Brillenmacher zu Middelburg, dem Erfinder eines Instrumentes zum Sehen in die Ferne, der um ein 30 jähriges Patent für seine Erfindung, oder um ein Jahrgehalt eingekommen sei, beschlossen habe, ihm mitzuteilen: er solle seine Erfindung so vervollkommnen, dass man mit beiden Augen durch das Instrument sehen könne. Ferner sei bei ihm anzufragen, eine wie grosse Belohnung er zu fordern gedenke. Man sah indessen bald ein, dass die Forderung, ein Instrument anzufertigen, durch welches man mit beiden Augen sehen könne, eine unbillige sei und fasste daher den Beschluss, aus jeder Provinz eine Person zu ernennen, welche auf dem Thurme des Palastes Sr. Exellenz des Prinzen Moritz das von Hans Lippershey erfundene Instrument prüfen sollte. Für den Fall, dass es gut befunden würde, sollten diese Personen mit dem Verfertiger verhandeln, damit er drei solche Instrumente aus Bergkrystall für einen billigeren als den von ihm vorgeschlagenen Preis herstelle. Der geforderte Preis von 1000 Gulden sei zu hoch. Die angeordnete Prüfung wurde rasch ausgeführt und schon eine Verfügung vom 6. October 1608 sagt: die Kommission zur Prüfung des Instrumentes von Hans Lippershey hätten den Nutzen desselben für die Generalstaaten eingesehen, und man beauftrage daher den Lippershey, ein solches Instrument aus Bergkrystall zu verfertigen, ihm sogleich 300 Gulden auszuzahlen und noch 600 Gulden, wenn er das Instrument vollendet habe, ihm auch eine Zeit festzusetzen, innerhalb welcher er dasselbe vollendet haben müsse; dann endlich wolle man beraten, ob ihm ein Patent oder ein Jahrgehalt zu geben sei. Während dieser Verhandlungen mit Lippershey machte Jakob Adriaanszoon seine Eingabe, und es ist daher natürlich, dass er abgewiesen wurde. Die Unterhandlungen mit Lippershey dauerten fort, und ein Dekret vom 15. December 1608 sagt: Lippershey habe das verlangte Instrument für beide Augen wirklich zur Befriedigung der Kommission hergestellt, allein man könne ihm dennoch kein Patent erteilen, da manche andere Personen ebenfalls Kenntniss von der neuen Erfindung besässen, man bewillige ihm aber unter den füheren Bedingungen 900 Gulden für zwei andere Binokular-Instrumente von seiner Erfindung. — Darauf ging Lippershey auch ein, lieferte am 13. Februar 1609 die beiden Instrumente und erhielt dafür die festgesetzte Summe. (Siehe Anhang.)

Die hier angegebenen Thatsachen finden sich in den vom Professor Moll veröffentlichten Auszügen von van Swinden.

Es ergaben sich aus ihnen die wichtigen Resultate, dass die ersten Fernrohr-Gläser nicht aus Glas, sondern aus dem härteren Bergkrystall geschliffen waren, wie dies erst in neuerer Zeit von dem Optikus Cauchoix zu Paris wieder aufgenommen worden ist. Man ersieht aber ferner daraus, das Lippershey unfreiwillig zum Erfinder der Binocular-Fernröhre, deren etwas veränderte Form wir noch in unseren Operngläsern haben, geworden ist.

Vergleichen wir diese Thatsachen mit den von Borellus angeführten Dokumenten, so sehen wir, dass die dort gemachten Angaben, Metius oder Adriaanszoon sei erst 1620 nach Middelburg gekommen um das Fernrohr kennen zu lernen, falsch sind, da die von ihm gemachte Eingabe schon vom 17. October 1608 herrührt.

Ueberdies giebt Borelius dem Metius den Vornamen Adrian statt Jakob. Der eigentliche Name dieses Mannes war nicht Metius, sondern wie schon erwähnt, Adriaanszoon, und er war ein in der Mathematik wohl bewanderter Mann. Sein Vater hier Adriaan Anthoniszoon, war Inspector der holländischen Festungen, und zeichnete sich sowohl im Kriege gegen Spanien als auch in der Mathematik aus; man verdankt ihm z. B. für das Verhältniss des Durchmessers zum Umfang im Kreise den Werth $\frac{113}{355}$. Dieser hatte 4 Söhne, die alle wie der Vater Neigung zur Mathematik besassen. Der zweite, Adriaan, welcher zu Hoen unter Tycho und auf mehreren deutschen Universitäten seine Studien vollendete, bekam als Student wegen seines Hanges zur Mathematik den Beinamen Metius, der ihm nicht nur Zeitlebens verblieb, sondern auch später auf die Brüder, ja selbst auf den Vater übertragen wurde: daher folglich der Name Jakob Metius für Jakob Adriaanszoon.

Dieser Jakob, der vierte der Söhne, war ein Sonderling, von dem man sich allerlei wunderliche Dinge erzählt. So soll er z. B. auf den Wällen ein grosses Brennglas aufgestellt, und sich darin gefallen haben, die Stunde vorherzusagen, wann dieser oder jener Baum in bedeutender Entfernung würde angezündet werden. Man soll ihm ansehnliche Summen für das Geheimniss der Konstruction dieses Glases geboten haben, aber er weigerte sich selbst auf dem Todtenbette, irgend etwas davon zu verraten.

Was die Ansprüche Jansen's auf die Priorität der Erfindung betrifft, so sind die für ihn sprechenden Zeugnisse von so geringer Wichtigkeit und Glaubhaftigkeit gegenüber den für Lipperschey sprechenden, dass die letzteren das Uebergewicht behalten. Die von Borellus angeführten Dokumente widersprechen sich völlig und enthalten, wie wir nachgewiesen haben, viele Irrthümer, sowohl in den Thatsachen als in den Zahlen. Als Erfinder des Fernrohrs ist also allein Lippershey und 1608 als Jahreszahl der Erfindung anzusehen.

Nachdem wir so die Geschichte der Erfindung des Fernrohrs auf Grundlage alter Dokumente und Ueberlieferungen mit einer Ausführlichkeit behandelt haben, wie es bisher noch nicht geschehen ist, wollen wir uns mit der ferneren Entwickelung eingehend beschäftigen. Wir beginnen diesen Teil mit den auf unser Thema bezüglichen Arbeiten des grossen Keppler, des Begründers unserer heutigen Astronomie, der Zierde der deutschen Nation. Man sagt nicht zuviel, wenn man Keppler als den Begründer der Dioptrik bezeichnet; man kann ihm nicht die Erfindung des Fernrohrs zusprechen, allein seine Arbeiten haben zur Verbesserung desselben beigetragen und sind die Grundlage geworden zu der Vollkommenheit, die wir heute an diesem Instrumente bewundern. Diese Verdienste Kepplers werden im allgemeinen zu wenig beachtet und hervorgehoben im Vergleich zu denen Galileis, und doch nehmen sie noch einen weit höheren Rang ein, da sie die Frucht eines tiefgehenden Studiums sind. Ueberhaupt ist ein Vergleich zwischen beiden zu gleicher Zeit lebenden Männern interessant. Der eine wurde durch seine Entdeckungen mit Ruhm und Gewinn überhäuft, der andere, der nach Jahre langem Bemühen endlich dem Himmel die wichtigsten Gesetze entriss, musste mit bitterer Noth und Sorge sein Leben lang kämpfen. Ein Epigramm von Kästner schildert Keppler's Schicksal und Verdienst am treffendsten. Es lautet:

So hoch war noch kein Sterblicher gestiegen
Als Keppler stieg — und starb den Hungertod!
Er wusste nur die Geister zu vergnügen,
Drum liessen ihn die Körper ohne Brod!

Keppler hatte sich schon zeitweilig mit optischen Arbeiten beschäftigt, als aber der Ruf von der Erfindung des Fernrohres zu ihm drang, setzte er seine Arbeiten um so eifriger fort. Er veröffentlichte dieselben in seiner Dioptrice, August. Vind. 1611. „Joannis Kepleri Dioptrice seu demonstratio „eorum quae visui et visibilibus propter conspicilia non ita „pridem inventa accidunt. Augustae Vind. 1611." Obgleich dieses Werk seinem äusserem Umfange nach nur klein erscheint, so sind doch die darin niedergelegten Untersuchungen und Gedanken von um so grösseren Werte. Schon der Gedanke eine Theorie des Fernrohres zu geben, war vollständig neu, und Niemand von denen, die sich mit dem Fernrohr bisher beschäftigt hatten, hatte es versucht. Die erste Aufgabe, die dabei zu lösen war und ohne deren Lösung kein Schritt weiter gethan werden konnte, war die Ermittelung des Brechungsgesetzes, wenn das Licht aus Luft in Glas übergeht. Er construirte sich dazu ein eigenartiges Instrument, dem er den Namen „anaklastisches" Instrument gab, und vermittelst dessen er auf die richtige Lösung hätte kommen müssen; allein er gelangte nicht zu dem streng richtigen Gesetze, sondern nur zu einer Annäherung. (Nach ihm ist: $\alpha = n\beta + m \cdot \sec\beta$, wenn α der Einfalls-, β der Brechungswinkel ist und m und n Constanten bedeuten.) Sein Resultat lautet: Ist i der Einfallswinkel, i_1 der Brechungswinkel, und ist $i < 30^0$ so $i = ni_1$, wo n beim Uebergang aus Luft in Glas gleich $^3/_2$ zu setzen ist. Dieses mangelhafte Gesetz legt Keppler seiner Theorie der Fernröhre zu Grunde, und in der That ist es auch für diesen Zweck ausreichend, da bei keinem Fernrohr der Einfallswinkel einen Wert von 30^0 erreicht; so kam es denn auch, dass es ihm gelang, die Grundzüge dieser Theorie richtig aufzustellen.

Es kam nun darauf an, den Punkt zu bestimmen, in dem alle parallel der Axe auf die Linse fallenden Strahlen vereinigt werden, nachdem sie durch die Linse hindurchgegangen sind. Systematisch untersucht er die Brechung des Lichtes an jeder Fläche der Linse einzeln, indem er, abweichend von seinen Vorgängern, dabei die Voraussetzung machte, dass von jedem Punkte des leuchtenden Körpers ein ganzer Strahlenkegel ausgeht. Die Lösung dieser Aufgabe in ihrer vollen Allgemeinheit gelang ihm aber nicht, er bestimmte den Brennpunkt nur für die planconvexe und gleichseitig biconvexe Linse. Besonders hervorzuheben aber ist, dass Keppler bereits die sphärische Abweichung bemerkte, welche darin besteht, dass die durch den Rand der Linse gegangenen Strahlen nicht genau mit den aus der Mitte kommenden sich vereinigen, so dass dadurch das Bild an Schärfe verliert. Um diesem Uebelstande abzuhelfen, schlägt Keppler die Anfertigung hyperbolisch gekrümmter Linsen vor. Es ist also dieser Gedanke nicht, wie vielfach angegeben wird, von Descartes ausgegangen, sondern er findet sich schon in Keppler's Werke: „Ad Vitellonem Paralipomena, quibus astronomiae pars optica traditur, Francofurti 1604."

Seine Dioptrik ist besonders deshalb merkwürdig, weil in ihr zum ersten Male eine Theorie des holländischen oder galileischen Fernrohres gegeben wird, und ferner Vorschläge zur Verfertigung zweier anderen Fernröhre enthält. Bis zu dieser Zeit hatte man nur das holländische Fernrohr gekannt, aber Keppler zeigte, dass man auch durch Combination zweier convexen Gläser ein brauchbares Fernrohr erhalten könne, wenn auch die Bilder desselben umgekehrt seien. Es hat dieses Fernrohr in der Folge den Namen Keppler'sches oder astronomisches Fernrohr erhalten. Ausser diesem giebt nun Keppler noch drei Fernröhre an, auf welche er durch die planmässige Anlage seines Werkes geführt wurde. Diese sind zwar von geringerer Bedeutung, allein sie zeigen das tiefe

Nachdenken, das er auf Combination der Linsen verwandte. Diese Fernröhre bestehen:

1) aus einem convexen Objectiv und zwei concaven Ocularen; 2) aus einem convexen Objectiv und zwei convexen Ocularen; 3) aus zwei convexen Objectiven und einem convexen Ocular. Das erste dieser Fernröhre ist, wie er alsdann beweist, länger als das holländische, allein dieser Nachteil wird dadurch wieder aufgehoben, dass hier die Gegenstände doppelt so gross erscheinen als in jenem.

„Prop. 127. Duae lentes concavae invicem contiguae „paulo admodum a lente convexa longius distant, quam earum „unica, ut distinctam efficiant visionem, sed speciem visibilis „multum ac fere duplo augent."

In dem zweiten werden die umgekehrten Bilder des astronomischen Fernrohres wieder aufgehoben und die dritte Construction erlaubt es, die Länge des Fernrohres auf die Hälfte zu reduciren.

Prop. 125. „Posito cavo duo convexa similia, applicata „invicem proxime pro uno, fere dimidiant longitudinem instru„menti, quod eorum convexorum unum solum habet et simul „quantitatem speciei minuunt."

Zugleich aber weist er darauf hin, wie notwendig es ist, die Röhren verschiebbar zu machen, um das Fernrohr einem jeden Auge anpassen zu können.

Aus allem, was Keppler sagt, und aus dem Umstande, dass er nirgend von angestellten Versuchen spricht, geht hervor, dass er nie eine Zusammensetzung dieser Fernröhre versucht hat, um sie aus eigener Erfahrung kennen zu lernen. Es ist daher auch auffallend, wie er die Wirkung mehrerer hinter einander aufgestellten Sammelgläser so richtig angeben konnte, ohne von der Erfahrung unterstützt zu sein, zumal da seine Theorie noch an erheblichen Mängeln leidet. Die Entstehung der Bilder in dem astronomischen Fernrohre erklärt er auf folgende Weise: „Das Objectivglas sei in solcher „Entfernung, dass das von demselben bewirkte umgekehrte „Bild entfernter Gegenstände, wegen der zu grossen Divergenz

„der aus jedem Punkte desselben kommenden Strahlen un-
„deutlich sein würde. Wird nun zwischen dieses Bild und
„das Auge ein zweites Sammelglas, und zwar nahe dahinter
„gestellt, so wird jene zu grosse Divergenz durch die grosse
„Convergenz, in welcher die Strahlen durch die Okular-Linse
„ins Auge kommen, aufgehoben, und das Bild daher deutlich.
„Die dem Beobachter nähere Linse macht es grösser, als sie
„es von der entfernteren empfängt, ohne seine umgekehrte
„Lage zu ändern." Bei diesen Untersuchungen entdeckt er
den richtigen Satz, dass die von einem leuchtenden Punkte
herkommenden, und durch ein Sammelglas gebrochenen
Strahlen vor ihrer Vereinigung durch ein Zerstreuungsglas
aufgefangen, sich entweder in einem Punkte, der entfernter
vom Objective liegt, schneiden, oder parallel, oder divergirend
werden können. Er sagt in Prop. 104: „Si cava lens radia-
„tiones unius puncti quae trajecta lente convexa refractionem
„passae convergunt, intercipiat antequam illae veniant ad
„punctum sui concursus aut punctum concursus prorogabitur
„in longinquum aut radiationes incident porro parallelae, aut
„denique rursum divergent."

Der erste Optiker, der beide Arten von Fernröhren aus
eigener Erfahrung kannte, ist Christoph Scheiner. Derselbe
war geboren 1575 zu Walda bei Mündelheim in Schwaben
und trat 1595 in den Orden der Jesuiten ein, lehrte Hebräisch
und Mathematik zu Ingolstadt, Freiburg und Rom und starb
1650 als Rector des Jesuiten-Kollegiums zu Neisse in Schlesien.
Er ist bekannt als Verfasser des Werkes: „Rosa Ursina sive
sol ex admirando facularum et macularum suarum phaenomeno
varius, a Christophoro Scheiner, Germano Suevo e societate
Jesu, ad Paulum Jordanum II, Ursinum Bracciani ducem.
1626—1630." Es ist Rosa ein symbolischer Name der Sonne,
und dieser legt Scheiner noch das Adjectiv Ursina bei, weil
er sein Werk dem Herzog Paul Jordan II. von Orsini Brac-
ciano widmet. Es ist dieses Werk von hervorragender Bedeutung. Scheiner ist, wie schon früher erwähnt, neben
Galilei selbstständiger Entdecker der Sonnenflecken, und sein

hohes Verdienst besteht darin, dass er viele Jahre hindurch andauernd Beobachtungen der Sonnenflecken anstellte und in seinem letztgenannten Werke 2000 Beobachtungen derselben niederlegte. In dem zweiten Buche dieses Werkes beschreibt er das astronomische Fernrohr, verfolgt den Weg der Lichtstrahlen durch die Linsen desselben und sagt:

„Si similes duas lentes aptaveris in tubum, oculumque „debite applicaveris, videbis everso quidem situ, sed magni- „tudine, claritate et amplitudine incredibili objecta quaecunque „terrea. Sed et astra quaelibet in obsequium visus coges; „nam cum ea omnia rotunda sint, eversio situs totius adspectum, „quoad configurationem visualem, non turbat, id quod secus „est in objectis terreis, quemadmodum in luna quoque idem „animadverti potest, cum neque rotunda semper, neque homo- „genea existat. Si pari ratione lentes duas convexas coloratas „tubo oculoque accommodaveris, habebis *helioscopium* mirificum, „et protrahes, quidquid in sole absconsum fuerit. Eadem arte „natum est illud admirabile microscopium, quo musca in ele- „phantum, et pulex in camelum amplificatur. Quod si de „erecto situ quis velit movere scrupulum, habes per duo con- „vexa situm erectum in charta; per tria convexa, rite collo- „cata situm erectum in acuto transspiciente.“

Scheiner führt in seinem Werke ferner an, dass er schon 13 Jahre vor dem Erscheinen des Werkes dem Erzherzog Maximilian von Oesterreich und kurz darauf dem Kaiser selbst die Sonnenflecke mittelst des astronomischen Fernrohrs gezeigt habe. Die Ausführung des ersten astronomischen Fernrohrs fällt somit in das Jahr 1613 oder 1617.

Er wendete bei diesen Versuchen eine Methode an, die noch heute für die Beobachtung von Sonnenflecken sich als sehr geeignet erweist. Man zieht das Fernrohr etwas weiter aus als zum deutlichen Erkennen nötig ist, richtet es in einem dunklen Zimmer gegen die Sonne und fängt das hinter dem Ocular entstehende Bild auf einer weissen Tafel auf. Auf diese Weise ist man im Stande, die Sonnenflecken einer grösseren Zahl von Personen auf einmal zeigen zu können.

Dieses Instrument nannte er Helioscop und ist angefertigt nach den Vorschriften, die Keppler in seiner Dioptrik prop. 88 angiebt. Bei seinen ersten Beobachtungen betrachtete Scheiner die Sonne durch leichtes Gewölk, um den blendenden Glanz zu mindern. Dann aber konstruirte er die Linsen seines Fernrohrs aus farbigem Glase, allein auch dies hatte nicht den gehofften Erfolg und so setzte er vor das Objectiv des Fernrohres farbige Gläser. Obwohl Scheiner die erste Anwendung der Blendgläser gemacht hat, so findet sich doch schon 1540 im Astronomicum caesareum eine Notiz von Apian, in welcher der Gebrauch der Blendgläser vorgeschlagen wird.

Hervorzuheben bei der Verbesserung des Fernrohres ist auch der Kapuciner Anton Maria Schyrlaeus de Rheita vom Kloster Rheit in Böhmen. Er construirte das sogenannte Erdfernrohr, welches aus einer Combination von 4 convexen Linsen besteht und stets aufrechte Bilder der betrachteten Gegenstände giebt. Alles Uebrige, was er für sich in Anspruch nimmt, ist ohne Berechtigung. Er beschreibt seine Erfindung in dem Werke: „Oculus Enoch et Eliae, sive Radius sidereo mysticus, auctore Antonio Maria Schyrleo de Rheita, ord. Capucinorum concionat. et provinciae Austriae ac Bohemiae quondam praelectore. 1645. Antv." In diesem Werke verteidigt er das Tychonische Weltsystem gegen das Copernikanische. Als Anhang zum ersten Teil findet man eine Abhandlung: „Oculus astrospicus binoculus, sive praxis dioptrices", welche von den Fernröhren handelt.

Die Beschreibung seines neu erfundenen Instrumentes teilt er, wie es damals üblich war, versteckt mit, indem er die Buchstaben in einanderschachtelte. Die Beschreibung lautet: „Convexa quatuor melius dicta objecta erigunt, mul„tumque amplificant, rite vero. Tertium colloca in puncto „confusionis. Sunt vero vitra tria ocularia convexa, objectum „quartum." Nach seiner Schreibweise heissen die beiden ersten Worte:

Cqounavteuxoar.

In demselben Werke teilt er noch in einer Tabelle die Resultate einer Reihe von Experimental-Untersuchungen mit, bei denen er das günstigste Verhältnis der Durchmesser des Objectivs und Oculars bestimmt. Ueberhaupt treten hier die Namen Objectiv und Ocular zum ersten Male auf. Auf die Erfindung des Binocular-Fernrohres kann er keine Ansprüche machen, da bereits Lippershey und Galilei dasselbe vor ihm erfunden hatten.

Was die Benennung Telescop und Mikroscop anbetrifft, so geht dieselbe von einem Mitgliede der Academia dei Lyncei, dem Griechen Demiscianus, aus; bis zu ihm hin hatte man diesen Instrumenten die Namen Conspicilia, Perspicilia, Occhiali und Occhialini gegeben. Wir wollen uns nun dazu wenden, zu untersuchen, welche Verdienste Descartes um die Verbesserung des Fernrohres hat. Im Jahre 1637 erschien von ihm das Werk: Discours de la methode, pour bien conduire sa raison, et chercher la verité dans les sciences. Plus la dioptrique, les méteores et la geometrie, qui sont les essais de cette methode.

Für uns ist nur das 8. Kapitel dieses Werkes beachtenswert, da sich in ihm die Untersuchung befindet, die vorteilhafteste Gestalt der Linsengläser zu ermitteln. Er giebt den elliptischen und mehr noch den hyperbolischen Gläsern den Vorzug vor den sphärischen, da die letzteren wegen der sphärischen Aberration nachteilig wären. Zu beachten ist dabei, dass diese Idee, wie bereits erwähnt, schon von Keppler ausgesprochen worden ist, ohne aber einen Beweis daran zu knüpfen.

Descartes legt seiner Theorie die folgende Eigenschaft der Ellipse und Hyperbel zu Grunde:

An einen beliebigen Punkt K einer Ellipse ziehe man eine Linie NK parallel mit der grossen Axe AB. Von den Brennpunkten C und D ziehe man nach K die Linien CK und DK, halbire den Winkel CKD durch die Linie PE und errichte in K auf PE das Lot OQ. In dem Punkte K lege man eine Tangente an die Ellipse senkrecht zu PE, nämlich

OQ, und verlängere den Strahl DK über K hinaus, bis KM gleich KC geworden ist. Verbindet man nun M mit C durch die Linie MC, so wird diese in ihrem Mittelpunkte O von der Tangente in K geschnitten. Auf der durch den Punkt K

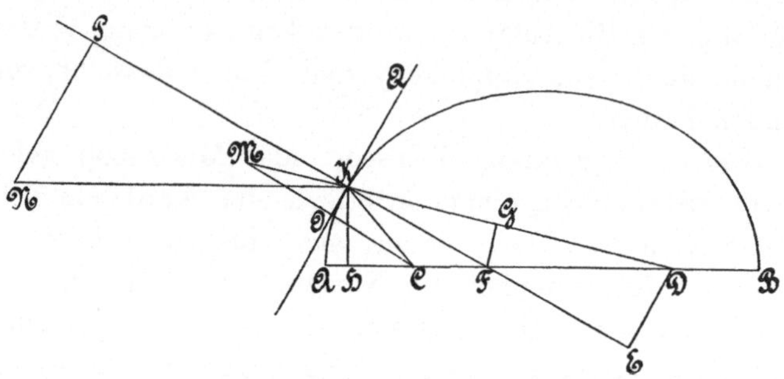

zur Axe AB parallelen Geraden trage man von K aus eine Strecke $NK = KD$ ab und fälle von N auf PE ein Lot NP, von D auf PE das Lot DE, von K auf die grosse Axe AB das Lot KH und von F, dem Schnittpunkte der Linie PE mit der grossen Axe, das Lot FG auf MD.

Auf diese Weise erhält man vier Paare Dreiecke und es ist:

$$\triangle\ HKF \sim NKP; \quad \triangle\ KFG \sim KED$$
$$\triangle\ FGD \sim HKD; \quad \triangle\ KDF \sim MDC.$$

Die beiden ersten Paare der Dreiecke geben:

$$HK : NP = KF : NK = KF : KD = FG : DE$$
oder: $\qquad\qquad HK : FG = NP : DE.$

Die beiden anderen Paare geben:

$$KH : FG = KD : FD = MD : CD = AB : CD$$
also $\qquad\qquad NP : DE = AB : CD.$

Die Linien NP und DE sind aber die sinus der Winkel $NKP : EKD$ und da diese für jeden Punkt K im Verhältnis von $AB : CD$ stehen, so ergiebt sich, dass jeder Lichtstrahl, der auf einen so geformten gläsernen Körper parallel mit der Hauptaxe fällt, nach dem hinteren Brennpunkte D gebrochen wird, vorausgesetzt, dass das Verhältnis der Hauptaxe zur Excentricität gleich ist dem Brechungsverhältnisse aus Luft in Glas. Ein solches elliptisches Sammelglas erhält man, wenn man den elliptischen Bogen BAB, für welchen das Verhältnis der grossen Axe zur Excentricität dem Brechungsverhältnisse aus Luft in Glas gleich ist, mit einem Kreis-

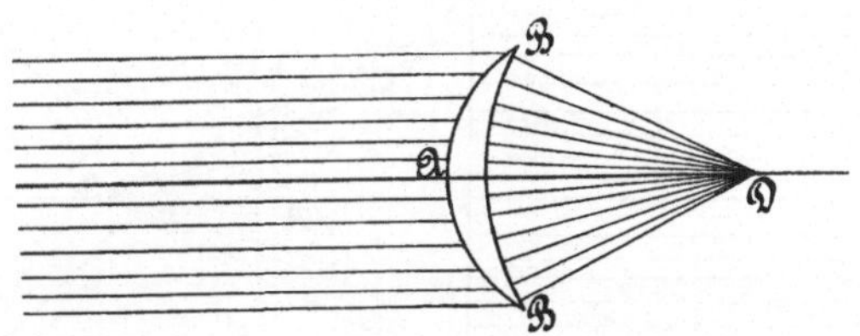

bogen BB durchschneidet, dessen Mittelpunkt der hintere Brennpunkt D ist, und dessen Halbmesser DB zwar beliebig, aber so genommen wird, dass dieser Bogen zwischen den Punkten D und A liegt. Die parallelen Strahlen, welche durch die elliptische Oberfläche $B . A . B$ nach D gebrochen werden, erleiden beim Austritt aus der sphärischen Fläche BB keine neue Brechung, da sie auf diese Fläche unter rech-

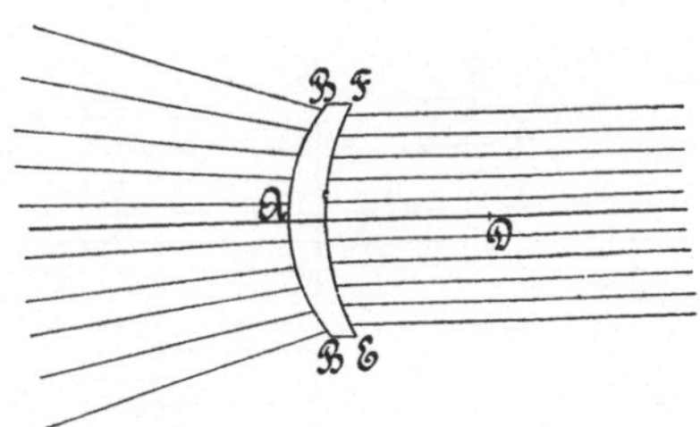

ten Winkeln fallen. Bei einem elliptischen Zerstreuungsglase müsste die hohle Seite EAF elliptisch, die erhabene BB aber sphärisch geschliffen sein und zwar so, dass dieser sphärische Bogen wieder aus dem hinteren Brennpunkte D mit dem beliebigen Halbmesser DB beschrieben wird. Parallele Lichtstrahlen, welche auf die hohle Seite fallen, werden nach

ihrer Brechung so zerstreut, als wenn sie sämmtlich aus dem
Punkte *D* kämen; die sphärische Fläche führt keine Aende-
rung der Richtung herbei. Geht nun Licht durch zwei Sammelgläser dieser Art oder durch ein Sammel- und ein Zerstreuungsglas oder auch durch zwei Zerstreuungsgläser, so

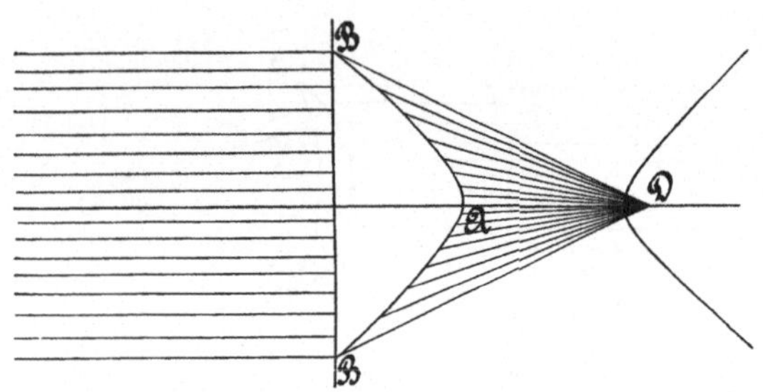

kann man stets bewirken, dass Strahlen, welche von einem
Punkte ausgehen oder auf einen Punkt gerichtet oder parallel
sind, ihre Richtung so ändern, wie man es wünscht. Die-
selbe Eigenschaft lässt sich auch von der Hyperbel beweisen.
Alle Lichtstrahlen, welche parallel zur Hauptaxe auf die ebene
Seite einer plan-hyperbolischen Linse fallen, werden so ge-

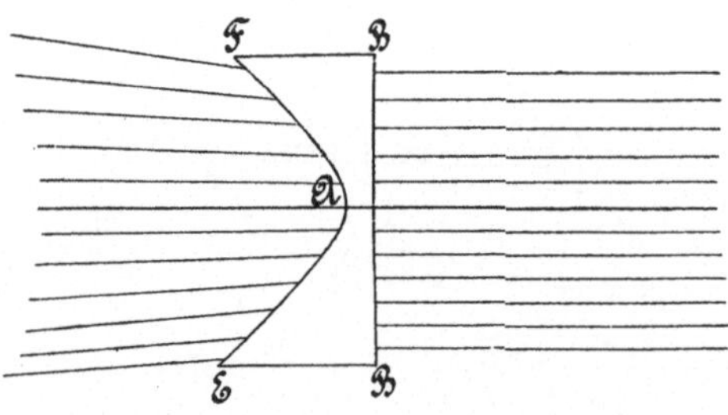

brochen, als ob sie aus dem Brennpunkte des zweiten Hyperbelzweiges kämen, vorausgesetzt, dass das Verhältnis zwischen
Excentricität und grosser Axe gleich dem Brechungsverhältnis aus Luft in Glas gesetzt wird. Giebt man aber der Linse
eine Form *BBFAE*, in welcher die ebene Seite *BB* in be-

stimmter Entfernung von dem Hyperbelzweige *EAF* senkrecht
zur grossen Axe steht, und fallen parallele Lichtstrahlen auf
die ebene Fläche der Linse, so findet eine solche Zerstreuung
derselben statt, als wenn sie alle aus dem Brennpunkte des
zweiten Hyperbelzweiges herkämen.

Descartes giebt den hyperbolischen Gläsern ihrer leich-
teren Herstellung wegen noch den Vorzug vor den elliptischen.
Allein er bemerkt auch schon die Mängel, welche diesen
Linsen noch anhaften und spricht sich darüber folgendermassen pag. 111 aus:

„Entre plusieurs, qui changent tous en mesme facon la
„disposition des rayons, qui se rapportent a un seul point,
„ou vienent paralleles d'un seul coste, ceux, dont les super-
„ficies sont les moints courbees, ou bien le moins inegalement,
„en sorte qu'elles causent les moints inegales refractions,
„changent toujours un peu plus exactement, que les autres,
„la disposition des rayons, qui se rapportent aux autres points,
„ou qui vienent des autres costes."

Dennoch aber schmeichelt sich Descartes mit der Hoffnung, dass die Anwendung der von ihm vorgeschlagenen Linsen in den holländischen Fernröhren die kleinsten auf den
Sternen befindlichen Gegenstände würde erkennen lassen. Um
bei der Anfertigung solcher Gläser den Künstlern zu Hilfe
zu kommen, beschreibt er im zehnten Kapitel seines Werkes
die von ihm erdachten Schleifinstrumente, und in der That
gelang es dem Künstler Ferrier zu Paris im Jahre 1628 eine
Convex-Linse dieser Art zu verfertigen, nicht aber eine Con-
cav-Linse.

Diese von Descartes vorgeschlagenen Gläser sind, vom
Standpunkte der Theorie aus betrachtet, von der grössten
Wichtigkeit. Allein die Praxis hat sie verworfen, weil einer-
seits ihre Anfertigung auf ganz bedeutende Schwierigkeiten
stösst, andererseits weil der aus der Abweichung wegen der
Farbenzerstreuung entstehende viel grössere Fehler nicht durch
die Beseitigung des weit kleineren Fehlers der sphärischen
Abweichung aufgehoben wird. Durch die Beseitigung des

letzteren Fehlers ist der erstere um ein Beträchtliches grösser geworden, so dass dadurch die Einführung dieser Art von Linsen geradezu verboten erscheint.

Damit haben wir nun alles, was Descartes für die Fernröhre geleistet hat, erschöpft, auffallend aber ist dabei, dass Descartes, obwohl er das Brechungsgesetz richtig erkannt und in der Theorie des Regenbogens praktisch angewendet hatte, doch keine Theorie der Brechung des Lichtes in den Linsen zu geben vermochte.

Es mag hier noch bemerkt werden, dass Descartes in Betreff des Brechungsgesetzes des wissenschaftlichen Diebstahls beschuldigt wird von Isaak Vassins, Christian Huyghens und Leibniz. Dies sind allerdings gewichtige Autoritäten und ihre Anklagen haben sich bis auf unsere Zeit fortgepflanzt und ein ungünstiges Licht auf Descartes geworfen. Erst in der neuesten Zeit hat Dr. P. Kramer in Halle („Descartes und das Brechungsgesetz des Lichtes", Abhandlungen zur Geschichte der Mathematik. 4. Heft. Leipzig 1882) in klarer und überzeugender Weise nachgewiesen, auf welch' schwankendem Fusse alle jene Verdächtigungen ruhen und wie sich dieselben in lawinenhafter Weise vergrössernd in den neueren Schriften, so z. B. in Poggendorf's Geschichte der Physik zu unbarmherzigen Angriffen auf Descartes gesteigert haben. Kramer zeigt uns, dass es eine gänzlich unberechtigte, aus der Luft gegriffene Verdächtigung ist, um so mehr, wenn man bedenkt, dass Descartes das Gesetz in viel einfacherer Form darstellt als es Snellius thut. Berücksichtigt man ferner den aus seiner Lebensführung genugsam bekannten Charakter des Descartes, der sich überall durch Ehrlichkeit und Geradheit auszeichnet, so treten alle jene Verdächtigungen in den Hintergrund, und man kommt zu der Ueberzeugung, dass Descartes neben Snellius völlig unabhängig zu dem Gesetze der Strahlenbrechung gelangt ist, da es doch in der Geschichte der Physik sich oft wiederholt, dass eine und dieselbe Entdeckung fast gleichzeitig an ganz verschiedenen Orten gemacht wurde. Kramer weist dies in der klarsten

Weise nach, indem er alle gegen Descartes gerichteten Angriffe entkräftet.

Von der Mitte des 17. Jahrhunderts an beherrscht die Geister ein mächtiger Drang das Fernrohr zu verbessern und die Theorie desselben auszubilden.

Es erscheint eine Anzahl wichtiger und unwichtiger Werke, teils die praktische, teils die theoretische Ausbildung betreffend.

Als theoretische Werke sind hervorzuheben:

„Opera mathematica 1669, von Andreas Tacquet.“

„Treatise of Dioptricks, 1692, von William Molineux.“

Die praktische Ausbildung bezwecken:

„Dioptrique oculaire 1671 und La vision parfaite 1678 von Chérubin d'Orleans.“

„Nervus opticus 1675 von Zacharias Traber.“

„Oculus artificialis teledioptricus 1685 von Joh. Zahn.“

„Barron, lectiones opticae et geometricae 1669 etc.“

Bei diesen vereinten Bemühungen konnte denn auch ein Erfolg nicht ausbleiben.

In der Herstellung vorzüglicher Objective zeichneten sich besonders Eustachio Divini zu Rom, Matthaeus Campani zu Bologna und Torricelli aus.

Divini verfertigte im Jahre 1660 ein Objectiv, dessen Brennweite $18^1/_2$ Braccien, d. h. ungefähr 34 Fuss betrug. Er schenkte dasselbe dem Fürsten Leopold, und mit Hilfe desselben konnte die zwischen Fabri und Huyghens ausgebrochene Streitfrage in Betreff des Saturn endlich zu Gunsten des letzteren erledigt werden. Zu gleicher Zeit hatte Torricelli ein Fernrohr angefertigt, dessen Objectiv eine Brennweite von 18 Braccien hatte. Eine Vergleichung der beiden Fernröhre ergab, dass das von Torricelli verfertigte dem Divini'schen überlegen war. Ueberhaupt hat sich Torricelli in Italien wesentlich um die Verbesserung des Fernrohres verdient gemacht. Torricelli, ein Schüler Galilei's, hatte sich auf die Anfertigung der Fernröhre gelegt, da Galilei nicht allen Wünschen, die aus Deutschland an ihn gestellt wurden, um Uebersendung eines Fernrohres, genügen konnte. Torricelli brachte es dann, wiewohl nicht ohne grosse Anstrengung dahin, dsss seine Fernröhre den Galilei'schen überlegen waren und er dafür von der Akademie die Medaille Virtutis praemia erhielt. Dies von ihm angefertigte oben genannte Fernrohr befindet sich noch heute in dem physikalischen Museum zu Florenz.

Der Nebenbuhler und ärgste Feind Divini's war Campani, der ihn in der Anfertigung der Fernröhre noch übertraf. Die Eifersucht zwischen diesen beiden Männern war so gross, dass, wie Ricci an den Fürsten Leopold 1664 schreibt, man den einen aufs ärgste beleidigt, wenn man in seiner Gegenwart auch nur den Namen des andern nennt. Die Arbeiten Campani's hatten ihm in kurzer Zeit einen grossen Ruf verschafft, und er war im höchsten Masse bemüht aus seinem Verfahren ein grosses Geheimnis zu machen, und Niemand durfte seine Werkstatt betreten. Nach seinem Tode kaufte Papst Benedict XIV. seine sämmtlichen Werkzeuge und schenkte sie dem Institut zu Bologna. Die aus Campani's Werkstatt hervorgegangenen Instrumente zeichnen sich besonders durch ihre kolossale Länge aus, aber auch zugleich durch die Genauigkeit, mit welcher die Gläser geschliffen waren. Da Campani bei seinen kostspieligen Unternehmungen von Ludwig XIV. unterstützt wurde, so konnte er es auch unternehmen, Gläser von 86, 100 und 136 par. Fuss Brennweite anzufertigen. Die Fernröhre, mit denen der berühmte Astronom Domenico Cassini beobachtete und die beiden nächsten Trabanten des Saturn entdeckte, waren ebenfalls von Campani angefertigt. Dieser selbst stellte Beobachtungen am Himmel an und veröffentlichte sie in den beiden kleinen Schriften:

1) „Ragguaglio di nuovo osservazioni Roma 1664";

2) „Ombre delle stelle medicee nel volto di giove, Bologna 1666."

Er ist ferner zu nennen als der Verfasser der Schrift:

„Horologium, solo naturae motu atque ingenio dimetiens

et numerans momenta temporis, constantissime aequalia. Accedit circinus sphaericus pro lentibus telescopiorum tornandis ac poliendis. Ad. Ludovicum XIV. Amstel. 1678.

In Deutschland verwendete Tschirnhausen auf die Anfertigung grosser Brenngläser viel Mühe und Geld, allein da dieselben zu Fernröhren nicht verwendet wurden, so können wir sie hier füglich übergehen. Bei den Engländern waren es Paul Neille, Reine und Cox, die sich mit dem Schleifen der Objective beschäftigten, und es gelang dem letzteren, ein solches von 100 Fuss Brennweite herzustellen.

Bei den Franzosen zeichneten sich mit der Anfertigung der Fernröhre besonders Auzout und Peter Borel aus. Dem ersteren soll es gelungen sein, ein Objectiv zu schleifen, dessen Brennweite 600 Fuss betrug, allein da er keine passende Vorrichtung hatte, so konnte er es auch nicht gebrauchen. Es ist klar, dass bei so ungeheurer Brennweite die Länge des Rohres ein grosses Hindernis war, und so versuchte man sich zu behelfen, ohne die Gläser in ein Rohr zu fassen. So wurde man zur Construction der sogenannten Luftfernröhre geführt, deren Erfindung man gewöhnlich Huyghens zuschreibt, welcher sie 1684 in seinem Werke: „Hugenii astroscopia compendiaria, tubi optici molimine liberata" beschreibt. Hook, ein Zeitgenosse von Huyghens, giebt an, er habe diese Erfindung schon viel früher gemacht, ohne aber seine Behauptung durch Thatsachen unterstützen zu können. Es scheint aber, dass die Construction, welche Huyghens angiebt, nur eine Verbesserung der von Nicolaus Hartsoecker ausgeführten ist. Der letztere soll Obejctivlinsen geschliffen haben, deren Brennweite noch diejenige der Auzout'schen Linse übertrafen, und er befestigte dieselben an der Spitze hoher Gegenstände, um die Anfertigung der langen Röhren zu umgehen. Huyghens verbesserte nun dies Verfahren in der Art, dass er das Objectiv in eine kurze Röhre fasste und diese mittelst einer Nuss an der Spitze einer hohen Stange befestigte. An der Stange befand sich eine Rolle, über welche eine dünne Schnur lief, welche es

möglich machte, dem Glase die erforderliche Stellung zu
geben. Das Ocular war ebenfalls an der Stange befestigt,
und konnte an derselben durch eine Vorrichtung höher oder
niedriger gestellt werden. De la Hire setzte später an die
Stelle der Objectivröhre ein Brett, in welches die Linse ge-
fasst war. Man sagt, dass Huyghens zu dieser Construction
durch die Idee der Astronomen Comiers und Auzout geführt
worden sei, von denen ersterer schon 1666 rieth, das Rohr
fortzulassen, allein ein Nachweis dafür ist nicht zu finden.

Der Grund, weshalb man in damaliger Zeit den Gläsern
so grosse Brennweite zu geben suchte liegt in der Farbenzerstreuung, welche zur Folge hat, dass bei einem gleichen
Grade der durch sie bewirkten Undeutlichkeit die Vergrösse-
rungszahlen sich wie Quadratwurzeln aus den Brennweiten
der Objective verhalten. Es ist dies ein Satz, der bereits
von Huyghens gefunden worden ist. Zu erwähnen ist noch,
dass Huyghens ein neues Verfahren zur Schleifung der Linsen
erfand, welches er im Jahre 1660 der londoner Gesellschaft
der Wissenschaften mitteilte und dadurch in diese Korporation
aufgenommen wurde. In früheren Zeiten sah man Huyghens
auch als den Erfinder des Mikrometers an, aber es hat sich
ergeben, dass dies nicht genau richtig ist. Auch diese Erfindung hat, wie die des Fernrohrs, eine kleine Vorgeschichte.
Die Italiener geben den Grafen Malvasia als den Erfinder
des Mikrometers an, da derselbe in seinen im Jahre 1662 erschienenen Ephemeriden angiebt, dass er sich lange Jahre
hindurch eines Mikrometers mit Silberfäden bedient habe.
Doch schon vor diesem, im Jahre 1659, beschrieb Huyghens
in seinem Werke „Systema saturnium“ ein von ihm ange-
wendetes Mikrometer, das er zu Messungen am Himmel be-
nutzte. Dasselbe bestand aus Messingplatten von keilförmi-
ger Gestalt, die von der Seite her ins Fernrohr geschoben
wurden, bis sie den zu beobachtenden Gegenstand deckten.
Allein wegen der Irradation ergab dies Mikrometer stets zu
grosse Werte.

Es hat sich aber herausgestellt, dass William Gascoigne

früher noch als Huyghens das Mikrometer angewendet hat. Sein früher Tod, den er als Vertheidiger Karls I. bei Marston-moor fand, verhinderte ihn seine Erfindung bekannt zu machen. Er beschreibt sie aber in Briefen aus den Jahren 1640 und 1641, die er an seine Freunde Horrox und Crabtree sendet. In einem Briefe an Crabtree schreibt er: „If here (in the „focus of the telescope) you place the scale that measures ... „or if here a hair be set that it appear perfectly through „the glass ... you may use it in a quadrant for the finding „of the altitude of the least star visible by the perspective „wherein it is. If the night be so dark that the hair or the „pointers of the scale be not to be seen, I place a candle in „a lanthorn, so as to cast light sufficient into the glass which „I find very helpful when the moon appeareth not, or it is „not otherwise light enough.“

Sein Instrument kam nach seinem Tode in die Hände Townley's der im Verein mit Hook eine Beschreibung des Mikrometers in den „Philosophical Transactions“ von 1667 gab. Die Papiere Gascoigne's, die seine mit dem Mikrometer ange-stellten Beobachtungen enthalten, sind vom Jahre 1640. Es bestand dies Mikrometer aus zwei zugespitzten scharfrandigen Blechen, die durch eine Schraube mit Scala und eingeteiltem Knopf gegeneinander bewegt wurden. Da aber ein helles Bild auf dunklem Grunde immer grösser erscheint als es ist, so zog Hooke diesen Platten lieber zwei parallel gespannte Haare vor. Zu erwähnen ist noch, dass auch Hevel, Astronom zu Danzig, sich eines Mikrometers bediente, das aus mehreren Parallelfäden bestand, die durch eine Schraube bewegt wurden. Eine Beschreibung desselben befindet sich in den Act. Eru-ditorum von 1708 pag. 125.

Es ergiebt sich also als evident, dass Gascoigne als der Erfinder des Mikrometers anzusehen ist, und Huyghens nach Gascoigne der erste war, welcher eine Anwendung desselben machte. Dabei konnte er das erste Mikrometer nicht kennen, da dessen Beschreibung erst 1667 veröffentlicht wurde, Huyghen's Schrift aber schon 1659 erschienen war.

Eine andere interessante Erfindung zur Verbesserung des Fernrohrs rührt von Hooke her. Es ist dies die Erfindung eines eigentümlichen Blendglases. Wir haben schon früher gesehen, dass Scheiner der eigentliche Erfinder des Blendglases ist, allein die Erfindung Hooke's ist so verschieden von der früheren, dass ihre Beschreibung hier nötig ist. Hooke kam auf den Einfall die Reflexion zur Schwächung des Sonnenlichtes zu benutzen, da bei jeder Reflexion eine gewisse Menge Licht verloren geht. Er lässt daher das Sonnenlicht bevor es in das Fernrohr trifft so oft zwischen zwei Planspiegeln reflektiren, bis es soweit geschwächt ist, dass das Auge, ohne Schaden zu nehmen, hineinblicken kann. Er zeigte ein solches Blendglas am 28. Juni 1675 in der „Royal Society" vor. Es hat dies Blendglas vor den gefärbten Gläsern den Vorzug, dass es das Licht schwächt ohne es zu färben.

Wir wollen hier sogleich eine andere Methode anführen, deren sich Foucault bedient hat, und die er folgendermassen selbst beschreibt.

„Wenn man die physische Constitution der Sonne mit grossen Fernröhren studieren will, so sind gewisse Vorsichtsmassregeln zur Schwächung der im Brennpunkte concentrierten Licht- und Wärme-Intensität unumgänglich nötig. Bringt man vor dem Oculare ein schwarzes Glas an, so gelingt es zwar, für die ersten Augenblicke das Auge vor der Intensität der Strahlen zu schützen, allein wenn die Betrachtung fortgesetzt wird und das Objectiv eine grosse Apertur besitzt, erhitzt sich das Glas, zerspringt und setzt das Auge den directen Sonnenstrahlen aus. Bisweilen glaubte man diesem Uebelstande dadurch abzuhelfen, dass man die Apertur des Objectivs durch ein Diaphragma beschränkte, allein das Verfahren wirkt nur auf Schwächung der optischen Kraft und besteht also die Probe nicht. Ferner hat man vorgeschlagen die Strahlen eine partielle Reflexion unter dem Polarisationswinkel erleiden zu lassen und das Ocular mit einem drehbaren Zerleger zu versehen, um so die Intensität der durchgehenden Strahlen nach

Belieben schwächen zu können. Wirklich gelingt es hierdurch die Bilder zu schwächen ohne ihnen eine merkliche Färbung zu geben. Allein selten bleibt bei einem so complicierten Verfahren die Schärfe der Bilder unversehrt, das Instrument verliert an optischer Kraft, und dies muss man gerade vermeiden, wenn grosse Fernröhre uns über die Umwälzungen auf der Oberfläche der Sonne Aufschluss geben sollen. Durch meine Arbeit über das Teleskop darauf geführt eine grosse Zahl von Glasspiegeln zu versilbern, hatte ich Gelegenheit zu bemerken, dass die Metallschicht, deren Glanz so lebhaft ist, zugleich eine Durchsichtigkeit und Klarheit besitzt, die mit der der schönsten farbigen Gläser vergleichbar ist. Die Durchsichtigkeit ist so gross, dass man bei Betrachtung der Sonne durch eine dünne Silberschicht deutlich und ohne die geringste Anstrengung die schwächsten Dünste wahrnimmt, die vor der Sonne vorüberziehen. Ich wurde dadurch natürlich auf die Vermutung geführt, dass ein versilbertes Glas die farbigen Gläser ersetzen könnte und vor diesen den grossen Vorzug hätte alle nicht durch dasselbe gehenden Strahlen zu reflectieren. Gewiss ein auf einer Seite versilbertes Parallelglas innerhalb des Fernrohrs in die Bahn der Strahlen gebracht müsste ein bequemes Mittel zur Sonnenbeobachtung darbieten. Da diese Silberschicht indessen als ein Medium ohne Dicke betrachtet werden kann, so hielt ich es für vorteilhafter, das Objektiv selber zu versilbern und die Einrichtung des Fernrohrs unverändert zu lassen. Ich ändere also nichts an den Ocularen, nichts an dem Mikrometer mit seinen Fäden, sondern begnüge mich die äussere Fläche des Objectivs zu versilbern. Auf diese Weise ist das Instrument geschützt gegen die Hitze der Sonnenstrahlen, welche fast insgesammt gegen den Himmel reflectiert werden, während nur ein Minimum von bläulichem Licht durch die Metallschicht geht, sich auf gewöhnliche Weise bricht und im Brennpunkt ein ruhiges und reines Bild hervorbringt, welches man ohne Gefahr für das Auge beobachten kann. Der Umriss der Sonnenscheibe hebt sich scharf von einem schwarzen Himmel ab, die Flecke sind mit Genauigkeit gezeichnet, die Fackeln zeigen sich deutlich, gleichwie die Lichtabnahme nach den Rändern hin, und auf den ersten Blick sieht man sich mit einem kräftigen Mittel zur Untersuchung ausgerüstet. Die wahre Farbe der Sonne ist durch das Vorwalten der blauen Farbe etwas verändert, allein die Intensitätsverhältnisse sind so wohl gewahrt, dass man kein Detail verliert, nach Verlauf einer gewissen Zeit ist das Auge an die blaue Farbe gewöhnt und hört auf dieselbe zu empfinden. Freilich ist ein so zubereitetes Fernrohr, wenigstens eine Zeit lang, blos für einen Gegenstand geopfert."

Auf diese Art die Sonnenstrahlen zu schwächen macht schon vor Foucault, Prof. Dove aufmerksam. In den Monatsberichten der Berl. Acad. von 1859 Seite 365 findet sich folgende Stelle: „Die Schwächung des Lichts intensiver Licht-„quellen wird in der Regel durch farbige Gläser hervorge-„rufen, welche die verschiedenen Teile des Spectrums ungleich „absorbieren und daher das geschwächte Licht in einer be-„stimmten Färbung zeigen. So wünschenswert dies für be-„stimmte optische Versuche ist, so wird doch bei anderen „Versuchen gerade das Entgegengesetzte verlangt. Man hat „daher vielfach polarisierende Vorrichtungen angewendet, um „das Sonnenlicht so zu schwächen, dass man ohne Nachteil „hineinblicken kann, und dass es dabei weiss bleibt. Eine „Mittelstufe zwischen beiden stellen die Metalle dar. Da man „es in seiner Gewalt hat, das Silber, (über Platin habe ich „keine Beobachtungen gemacht) in Lagen von verschiedener „Mächtigkeit auf Glasplatten zu fixieren, so erhält man da-„durch Blendgläser von jedem beliebigen Grade der Schwächung, „die zugleich als Spiegel angewendet werden können und in „sofern wohl zu empfehlen sind, da die blaue Färbung, die „sie geben, für weisse Objecte keinen störenden Eindruck „macht."

Man sieht also hieraus, dass die Priorität dieses Gedankens unstreitig Dove zuzusprechen ist, dabei ist es sehr wahrscheinlich, dass auch Foucault gänzlich unabhängig von dieser Bemerkung Dove's durch seine Versuche mit versilberten

Glasspiegeln auf diese Idee gekommen ist. Foucault teilte seine Methode am 3. Sept. 1866 der Pariser Academie mit und stellte seine Versuche im Pariser Observatorium an einem Objectiv von 0,25 m Apertur an, das von Secretan für das Aequatoreal neu gemacht war. Als Foucault die äussere Crownglasfläche versilbert hatte, brachte er es am Aequatoreal an und fand, dass die Gegenwart der Silberschicht die optischen Eigenschaften des Objectivs nicht veränderte, sondern nur die Intensität des durchgelassenen Lichtes verminderte ohne den Glanz der Strahlen zu stören und ohne eine merkliche Diffusion zu erzeugen.

Durch das Spectroscop hat Wolf festgestellt, dass dieser blaue resultierende Schein fast alle Strahlen des Spectrums enthält, mit Ausnahme des äussersten Rot, dessen Elimination mit der der dunklen Wärmestrahlen zusammenzufallen scheint. Zu gleicher Zeit erleiden auch das Orange, Gelb und Grün eine partielle Schwächung, während Blau und Violett die prädominierenden Farben bleiben.

Bei allen bisher genannten Instrumenten hatte sich ein bedenklicher Fehler stets geltend gemacht, dessen Beseitigung nicht gelingen wollte. Fallen nämlich Strahlen von einem leuchtenden Punkte auf das Objectiv, so werden diese nach ihrer Brechung nicht genau in einem einzigen Punkte vereinigt; es ist dies eine Folge davon, dass man Kugelflächen als Begrenzungsflächen der Linsen wählt. Sollten sämmtliche Circumpolar- und Zonenstrahlen nach der Brechung wieder in einen einzigen Punkt zusammenlaufen, so dürfte die die Mittel scheidende Fläche keine sphärische, sondern sie müsste eine anders gestaltete, — etwa ellipsoidische, parabolische — sein. Keppler hatte diesen Fehler schon bemerkt und daher hyperbolische Linsen empfohlen, und Descartes führte diese Idee noch weiter aus. Allein wie wir früher sahen ist diese Idee praktisch unausführbar, und man hat daher die Kugelflächen beibehalten.

Bezeichnet A einen leuchtenden Punkt in der Axe AOo eines einfachen Linsenglases GG', so mögen die äussersten

Randstrahlen AG' und AG so gebrochen werden, dass sie die Axe und sich selbst gegenseitig in dem Punkte g schneiden; dann ist g das den äussersten Randstrahlen entsprechende Zonenbild. Die der Axe allernächsten Circumpolarstrahlen mögen sich in o vereinigen, so dass also go die Longitudinalabweichung, oder sphärische Aberration in der Axe genannt, darstellt. Die einer mittleren Zone angehörigen Strahlen,

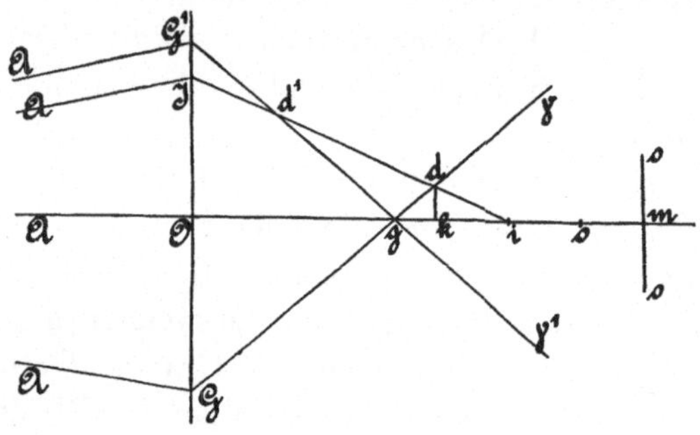

z. B. AJ, werden in einem zwischen g und o gelegenen mittleren Punkte i ein Zonenbild erzeugen. Jeder gebrochene Zonenstrahl, wie Ji, in dem einen herausgegriffenen und hier durch die Ebene des Papiers dargestellten Blatte des der Axe AOo zugehörigen Ebenenbüschels schneidet den einen extremen Randstrahl $G'\gamma'$ in dem Punkte d', den anderen $G\gamma$ in dem Punkte d. Denkt man sich alle gebrochenen Zonenstrahlen dieser Ebene (des Papiers) gezeichnet, so wird anstatt der gebrochenen Linie $G'd'd\gamma$ eine dieser sich ungefähr anschliessende Curve zum Vorschein kommen, und durch Rotation um die Axe ein eigentümlich gestalteter Körper zu Tage treten, welcher zweien, mit ihren dünnen Enden gegen einander gerichteten und verbundenen Trichtern ähnlich erscheint. Durch jeden zu der Axe Ao senkrechten ebenen Querschnitt des genannten Körpers gehen sämmtliche gebrochene Strahlen hindurch, und ein solcher, offenbar kreisförmiger Querschnitt hat keinen einzigen Punkt seiner Fläche aufzuweisen, durch welchen nicht ein gebrochener Strahl hindurchginge. Am dünnsten ist dieser Rotationskörper und am kleinsten der Flächeninhalt des eben erwähnten Querschnittes an einer Stelle kd, wo der Durchschnitt d eines gewissen Mittelzonenstrahles Ji mit $G\gamma$ am weitesten von der Axe AOo entfernt liegt. Denn diejenigen gebrochenen Strahlen, welche nahe bei O, oder nahe bei G' austretend das Glas verlassen, durchschneiden die Linien $G'\gamma'$ und $G\gamma$ ganz in der Nähe der Axe. Den Radius kd des kleinsten Querschnittes nennt man **Radius der Kugelabweichung** oder **Halbmesser der Lateralabweichung** zu der **Elongation** OG. Wäre eine sphärische Abweichung überhaupt nicht vorhanden, so würde sowohl die ganze Länge go, als auch der Radius kd in einem einzigen Punkt (o) der Axe zusammenfallen, in welchem sich sämmtliche gebrochene Strahlen aller Zonen durchschneiden, und darnach ihre Wege divergirend und weiter nach rechts hin verfolgen würden. So aber sieht vielmehr ein in der Entfernung km des deutlichen Sehens befindliches Auge m die auf dasselbe treffenden Strahlen nicht als von einem einzigen Punkte, sondern von der kleinen Kreisfläche, Aberrationskreis genannt, herkommen, deren Radius kd ist. Dass hierdurch ein schädlicher Einfluss auf ein ausgedehntes Bild ausgeübt werden muss, ist klar. Prechtl sagt: „Ein voll„kommen deutliches Bild kann nur dadurch entstehen, wenn „jeder Punkt des Gegenstandes auch wieder durch einen „Punkt in dem Bilde dargestellt wird. Dieses ist aber nun „nicht mehr der Fall; denn die Stelle dieses Punktes im „Bilde vertritt nun der Abweichungskreis, und wenn auch „dieser Kreis noch so klein ist, so nimmt er doch immer „einen Raum ein; es können daher auch mehrere solche Kreise „nicht wie Punkte sehr nahe aneinanderliegen, sondern sie fallen „über einander, und decken einander um somehr, je näher „die leuchtenden Punkte des Gegenstandes an einander liegen. „Dieses bringt natürlich eine Verwirrung hervor, indem Strah„len verschiedener leuchtenden Punkte sich miteinander ver„mischen, wodurch ein Mangel an scharfer Begrenzung der „einzelnen Linien, eine Undeutlichkeit des ganzen Bildes ent-

„steht.“ Man kann demnach mit Recht den Halbmesser *kd* als das Mass der Undeutlichkeit wegen der Kugelgestalt ansehen, da ja die Undeutlichkeit mit diesem Halbmesser wachsen und abnehmen, und im allergünstigsten, idealen, Falle verschwinden wird. Bei jedem einigermassen brauchbaren Fernrohre ist das Maximum von *kd*, welches wir mit dem Buchstaben ϱ bezeichnen wollen, immer nur eine sehr kleine Grösse, ja selbst die ganze Longitudinalabweichung *g o* ist gegen die Länge *O o* und selbst gegen die meist sehr kurze Brennweite *o m* des in *m* aufgestellten Oculars so geringfügig, dass wir annehmen können, als stünde der Abweichungskreis und -radius in dem gemeinschaftlichen Brennpunkte *o* von Objectiv und Ocular. Der Winkel *d m k* ist derjenige, unter welchem der Radius *k d* dem Auge erscheint. Von diesem Winkel sagt Littrow in seiner Dioptrik: „Nach den bisherigen Erfahrun-„gen an den besten Fernröhren mit einfachen Objektiven, „wo man die Kugelabweichung nicht ganz wegbringen kann, „darf der Wert von ϱ nicht leicht grösser als eine Sekunde „sein, wenn die Deutlichkeit des Sehens nicht merkbar leiden „soll. Die Abweichung der Farben aber kann auf fünf, sechs „und mehrere Minuten gehen, ohne dass man die Gegen-„stände an ihrem Rande noch bedeutend gefärbt erblickt.“

Ausser dem Sphärismus und dem später zu besprechenden Chromatismus existiert noch ein dritter, und zwar absolut intransigenter Feind der Aplanesie, welcher verhindert, dass die von einem Punkte eines leuchtenden Objectes ausgehenden Strahlen sich genau in einem und demselben Punkte des Bildes wieder vereinigen, nämlich die Beugung oder Diffraktion des Lichtes. Fraunhofer schon hat gezeigt, dass infolge der Diffractionswirkung der kreisförmigen Einfassung des Objectivglases ein leuchtender Punkt des Objectes sich in dem Bilde niemals als ein einziger Punkt darstellt, sondern in Gestalt eines Scheibchens (Beugungsscheibchen) auftritt, gerade so wie der kleine Kreis der sphärischen Aberration. Und da dies bei jedem einzelnen Punkt eines ausgedehnten Objectes der Fall ist, so gilt hier dasselbe, wie bei den sphärischen

Aberrationskreisen und die von ihnen herrührende Undeutlichkeit der Bilder. Schwerd sagt in seinem berühmten Werke: „Die Beugungserscheinungen etc.": „Die Theorie zeigt uns „also, dass selbst bei den vollkommensten Fernröhren die „Fixsterne nicht als unmessbare Punkte erscheinen können, „sondern dass ein jeder, der lichtstarke wie der lichtschwache, „als ein mit mehreren Ringen umgebenes Scheibchen erschei-„nen muss etc." Bis jetzt giebt es kein Mittel gegen die störende Einwirkung der Diffraction, namentlich ist keinerlei Abänderung der Krümmungsradien im Stande sie zu beseitigen, ja nicht einmal sie zu mildern. Man hat es hier mit einem unheilbaren Uebel zu thun, welches ertragen werden muss. Die Grösse dieses Beugungsscheibchens ist einzig und allein abhängig von der Grösse der Objectivöffnung, und zwar ist der Radius des Beugungsscheibchens in demselben Verhältnisse kleiner, je grösser die Objectiv-Oeffnung ist und umgekehrt.

Um die durch die sphärische Aberration hervorgerufene Undeutlichkeit der Bilder zu vermeiden, muss man entweder Linsen mit sehr kleinen Aperturen anwenden, bei denen nur centrale Strahlen hindurchtreten, oder man muss ein System von Linsen anwenden. Bei den biconvexen, planconvexen, biconcaven, planconcaven und convexconcaven Linsen ist die Brennweite der Randstrahlen immer kleiner als die der Centralstrahlen. Bei den concavconvexen aber kann je nach dem Abstande des leuchtenden Punktes die Brennweite der Randstrahlen kleiner oder grösser sein als diejenige der Centralstrahlen, und es giebt für jede concav-convexe Linse eine von dem Verhältniss der Krümmungsradien und der Brechungsverhältnisse des Mittels abhängige bestimmte Entfernung des leuchtenden Punktes, für welche beide Brennweiten gleich werden. Man nennt alsdann die Linse eine aplanatische. Die durch die sphärische Aberration hervorgerufene Undeutlichkeit der Bilder wird um so grösser, je grösser der Unterschied der Brennweiten der Circumpolar- und Zonenstrahlen ist, und da dieser zunimmt, je grösser der Winkel ist, den die nach dem Rande gezogenen Radien der Flächen mit der Axe bilden, um so grösser, je stärker die Krümmung der Linsenflächen oder je kleiner die Krümmungsradien derselben sind. Da nun die Brennweite um so kleiner wird, je kleiner die Krümmungsradien der Linse werden, so folgt, dass die sphärische Aberration um so grösser ist, je kleiner die Brennweite der Linse ist, und dass dieselbe dem Quadrat der Apertur direct proportional ist. Die Wirkung der sphärischen Aberration, die Undeutlichkeit der Bilder zeigt man am besten mit einer grossen, stark gewölbten Linse; man sieht sofort, dass das Bild deutlich wird, sobald man den Rand verdeckt. Stellt man zwischen die Linse und das Licht einen kreisförmigen, die Linse ganz verdeckenden Schirm, der 2 Löcherkreise hat, einen kleinen und einen grossen, so erhält man 2 Bilder, die man auf einer Papiertafel auffangen kann. Verdeckt man die Löcher, so ersieht man sofort, welches der beiden Bilder von Centralen und welches von den Randstrahlen herrührt. Ist die Entfernung der Papiertafel nur gering, so erzeugen die Randstrahlen einen Bildpunkt und die centralen einen Bildring: man sieht also, dass die ersteren in einem Punkte vereinigt sind, die letzteren dagegen nicht. Ist die Entfernung der Tafel aber grösser, so erzeugen die Randstrahlen einen Ring, während die Centralstrahlen und in einem Punkte sich vereinigen. Damit haben wir zugleich auch gezeigt, dass die Centralstrahlen und Randstrahlen nicht ein und dieselbe Vereinigungsweite haben, sondern dass die Centralstrahlen sich in einem Punkte, der näher an der Linse ist vereinigen, während die Randstrahlen sich in einem ferneren Punkte treffen. Will man ein Fernrohr darauf prüfen, ob die sphärische Aberration gut aufgehoben ist, so bedeckt man das Objectiv mit einer Kappe in deren Mitte ein kreisförmiger Ausschnitt sich befindet, dessen Durchmesser ungefähr gleich $\frac{1}{6}$ von dem des Objectivs ist. Alsdann verdeckt man den mittleren Theil des Objectivs und lässt am Rande einen Ring frei, der ungefähr $\frac{1}{3}$ des Objectivdurchmessers beträgt. Erscheint in dem letzteren Falle der Gegenstand noch ebenso scharf, wie im ersten, so ist dies ein Zeichen, dass die sphärische Aberration beseitigt ist; dabei ist jedoch vorausgesetzt, dass in beiden Fällen die Stellung des Oculars dieselbe ist.

Man glaubte früher diesen Fehler beseitigen zu können, indem man die Randstrahlen durch Blenden abblendete und nur die Centralstrahlen hindurchliess. Allein der scheinbare Vorteil war nur auf Kosten eines weit wichtigeren, nämlich der Helligkeit zu erlangen. Es ist ja klar, dass ein Gegenstand auch durch ein Fernrohr um so heller erscheinen wird, je mehr Licht auf das Objectiv fallen kann, d. h. je grösser dasselbe ist. Eine Verkleinerung desselben führt stets eine entsprechende Schwächung der Lichtstärke mit sich, und zwar wird diese Schwächung um so grösser sein, je stärker die Vergrösserung des Fernrohres ist.

Durch das Abblenden der Randstrahlen suchte man aber auch einem weit grösseren Uebelstande abzuhelfen, nämlich dem Hervortreten der farbigen Ränder der Bilder. Man glaubte nicht, dass es jemals möglich sein würde, diesen Uebelstand gänzlich zu beseitigen. Jeder weisse Lichtstrahl besteht, wie man zu sagen pflegt, aus vielen verschiedenfarbigen Strahlen, die alle eine verschiedene Brechbarkeit besitzen. Jeder dieser Strahlen wird also durch die Objectivlinse auf eine andere Weise gebrochen, so dass statt eines einzigen, weissen deutlichen Bildes eine grosse Anzahl verschiedenfarbiger Bilder entsteht, die das deutliche Sehen wesentlich beeinträchtigen.

II.

Geschichte des Fernrohrs von 1650 bis zur neuesten Zeit.
(Achromasie).

Vom Jahre 1650 ungefähr beginnt nun eine neue Periode in der Entwickelung des Fernrohrs, eine Periode, in der man nicht mehr, wie in der vorhergehenden, darauf bedacht war möglichst grosse Objectivgläser herzustellen, sondern in der alle Kräfte sowohl des Körpers als des Geistes sich darauf concentrirten die Farbenabweichung der Linsen zu beseitigen. Die Entwickelung des Fernrohrs lässt sich überhaupt in drei Perioden teilen; die erste umfasst die Vorbereitungs- und Erfindungszeit bis 1650. Die zweite ist die Zeit für die Aufhebung der chromatischen Aberration, und die dritte, welche mit dem Anfang des 19. Jahrhunderts beginnt, ist wesentlich darauf gerichtet die Montirung der Fernröhre zu astronomischen Zwecken zu einer höchst vollkommenen zu machen. In den Anfang der zweiten Periode fallen die optischen Untersuchungen Newtons.

Aus seiner Theorie der verschiedenen Brechbarkeit zeigte Newton, dass man den Grund der Unvollkommenheit eines dioptrischen Fernrohres nicht sowohl in der sphärischen- als vielmehr in der chromatischen Abweichung zu suchen habe. Diese letztere ist nun, wie er aus einem Versuche schliessen zu können glaubte, nicht zu beseitigen.

Wir wollen uns nun vergegenwärtigen, wie die Entstehung der farbigen Säume in den Bildern der Linsen aus der verschiedenen Brechbarkeit des Lichtes folgt, und wie damit die chromatische Abweichung zusammenhängt. Es mögen parallele Strahlen auf eine Sammellinse BAB fallen. Diese, aus den verschiedenfarbigen und verschieden brechbaren Strahlen zusammengesetzten weissen Strahlen erleiden durch die Linse eine verschiedene Brechung. Die am meisten brechbaren violetten Strahlen werden nach einem Punkte V der Axe gebrochen, der näher an der Linse liegt, als der Punkt R, in dem die am wenigsten brechbaren roten Strahlen vereinigt werden. Da die auffallenden Strahlen parallel sind, so müssen die Punkte V und R die resp. Brennpunkte der beiden Strahlenarten sein. Zwischen diesen beiden äussersten Strahlenarten befindet sich aber noch eine grosse Zahl anderer, von denen jede wieder ihren eigenen Brennpunkt hat. Gehen also von einem leuchtenden Punkte Strahlen aus, so geben diese nach der Brechung nicht ein einziges Bild dieses Punktes, sondern ebenso viele Bilder des Punktes als farbige Strahlen in dem weissen Lichte enthalten sind. Kommen folglich Strahlen von einem leuchtenden Gegenstande, so entstehen durch die Brechung ebenso viele farbige Bilder desselben als farbige Strahlen vorhanden sind. Es ist klar, dass ein Teil dieser verschiedenfarbigen Bilder sich decken und dieser Teil daher in der natürlichen Farbe erscheinen wird. Da aber, wo diese Bilder übereinander hervorragen, werden sich farbige Säume bilden.

Der kleinste Raum, in dem die Strahlen aller Gattungen wieder vereinigt sind, ist ein Kreis mit dem Durchmesser MN, der zwischen den Durchschnittspunkten M und N der violetten und roten Strahlen gezogen ist. Vergleicht man die Grösse des Durchmessers MN mit der Grösse des Durchmessers des kleinsten Kreises, welcher durch die Kugelgestalt der Gläser entsteht — des Kreises der sphär. Aberration — und durch den alle gebrochenen Strahlen gehen, so kann man entscheiden, ob die sphärische oder die chromatische Abweichung eine erheblichere Undeutlichkeit der Bilder verursache. Man nennt die Entfernung des Vereinigungspunktes V

der violetten Strahlen von dem Vereinigungspunkte R der roten Strahlen die chromatische Längenabweichung, den Durchmesser MN die chromatische Breitenabweichung. J. Newton liess parallele Strahlen auf die Linse fallen und fand, dass die chromatische Längenabweichung gleich ist $\frac{2}{55}$ der Brennweite der Strahlen mittlerer Brechbarkeit, und dass die chromatische Breitenabweichung nahezu $\frac{1}{55}$ der halben Apertur der Linse ist. Sind aber die auf die Linse fallenden Strahlen nicht parallel, so findet er (Optice lib. I pars I prop. 7 pag. 30) als Näherungswert für die Länge VR die Formel $\frac{(a + \alpha)}{27\,a} \cdot \alpha$, wo a die Entfernung des leuchtenden Punktes vom Glase, und α die Vereinigungsweite der Strahlen mittlerer Brechbarkeit ist*). Newton untersucht alsdann, welchen Einfluss die Kugelgestalt auf die Zerstreuung der Strahlen wohl haben könnte und kommt dabei zu dem Resultat, dass dieser Einfluss im Vergleich zu der chromatischen Abweichung ein so geringer sei, dass er gar nicht in Betracht kommen könne. Er zieht daraus den richtigen Schluss, dass es bei der Anfertigung vollkommener Fernröhre nicht so sehr auf die Beseitigung der sphärischen, als vielmehr der chromatischen Abweichung ankomme. Bezeichnet man mit n das Brechungsverhältniss aus Luft in Glas für mittlere Strahlen, mit x die halbe Apertur und mit g den Halbmesser der convexen Seite einer planconvexen Linse, so findet man den Halbmesser der kleinsten sphärischen Breitenabweichung $= \frac{n^2\,x^3}{8\,g^2}$. Newton

---

*) Newton selbst drückt dies in Worten folgendermassen aus: Es verhält sich VR zu dem $27\frac{1}{2}$ Teile der Vereinigungsweite der mittleren Strahlen, nahezu wie die Entfernung zwischen ihrem Vereinigungspunkte und dem leuchtenden Punkte, zu der Entfernung des letzteren von der Linse. Bei unserer Bezeichnung ist also:

$$VR : \frac{2\,\alpha}{55} = (a + \alpha) : a$$

$$VR = \frac{(a + \alpha) \cdot 2\,\alpha}{55\,a}$$

war zu diesen Resultaten auf elementarem Wege gelangt, und die Richtigkeit derselben lässt sich auf verschiedene Weise zeigen. So hatte Newton also zum ersten Mal bewiesen, dass die Ursache der Undeutlichkeit der Fernrohrbilder besonders in der Farbenabweichung zu suchen sei. Kepplers resp. Descartes' Vorschlag, statt der kugelförmigen Linsen hyperbolisch geschliffene Linsen anzuwenden, konnte daher auch nicht den gehofften Erfolg haben. Die sphärische Aberration wird wohl durch diese Linsen beseitigt, allein der an und für sich schon grössere Fehler der chromatischen Abweichung wird dadurch nur noch vermehrt. Die Aufhebung der chromatischen Abweichung ist das hauptsächlich zu lösende Problem. Denn setzen wir in der Formel für den Halbmesser der kleinsten sphärischen Breitenabweichung $\frac{n^2 x^3}{8 g^2}$ ein, x = 2 Zoll, g = 100 Zoll, n = 1.55, so ergiebt sich jener Halbmesser = 0.00024. Der Halbmesser der kleinsten chromatischen Breitenabweichung ergab sich aber als $\frac{1}{55}$ der halben Linsenapertur, also = $\frac{x}{55}$ = 0.03636. Bildet man das Verhältniss dieser beiden Zahlen, so findet man, dass sie sich verhalten nahezu wie 1 : 150. Die entwickelten Formeln, zusammen mit diesem Beispiel, zeigen also zur Evidenz, dass der Fehler der sphärischen Aberration gegen den der chromatischen Aberration gar nicht in Betracht kommt. Es lag nun gewiss die Frage nahe, woher es denn komme, dass trotz dieses grossen Fehlers die Deutlichkeit der Bilder doch noch eine verhältnissmässig grosse sei. Newton giebt dafür folgende Erklärung. Die Verteilung der auf dem Abweichungskreise zerstreuten Strahlen ist einerseits keine gleichmässige, sondern im Mittelpunkte und in seiner Nähe findet eine Anhäufung derselben statt, während auf dem Umfange die Dichtigkeit derselben nur eine verhältnissmässig geringe ist; andererseits aber ist der Eindruck, den die verschiedenen homogenen Farben auf das Auge machen ein durchaus verschiedener. So sind Gelb und Orange die glänzendsten derselben, und Rot und Grün schliessen sich ihnen an; dagegen sind Blau, Indigo und Violett dunklere Farben, die also auch nicht so auf das Auge wirken können, wie die erstgenannten. Daraus folgt aber unmittelbar, dass man die Bilder dorthin verlegen wird, wo der Vereinigungspunkt der lebhaftesten Strahlen ist, d. h. in das lebhafteste Gelb. Thut man dies aber, so hat man für den Halbmesser der kleinsten chromatischen Abweichung nicht mehr $\frac{1}{55}$, sondern $\frac{1}{259}$ der halben Linsen-Apertur zu setzen. Es ergiebt sich dies wie folgt:

Es ist für die Mitte zwischen Orange und Gelb:

$$n = \frac{1.5425 + 1.5467}{2} = 1.5446.$$

Der Halbmesser der kleinsten Breitenabweichung ist:

$$\frac{dn}{n-1} \cdot AB = \frac{0.0021}{0.5446} \cdot AB = \frac{1}{259} AB$$

da $dn = 1.5446 - 1.5425$ ist.

Kurz vorher hatten wir das Verhältnis des Halbmessers der kleinsten sphärischen Breitenabweichung zu dem der kleinsten chromatischen Breitenabweichung berechnet, und dabei als Halbmesser der kleinsten chromatischen Abweichung $\frac{x}{55}$ gesetzt. Setzen wir jetzt für $\frac{x}{55}$ ein $\frac{x}{250}$, so ergiebt sich das dort als $\frac{1}{150}$ gefundene Verhältnis hier als $\frac{1}{33}$.

Dies sind in aller Kürze die Deduktionen, die Newton anstellte, und man kann nicht leugnen, dass die Resultate, die er erhielt, nur zu sehr geeignet waren, in ihm den Gedanken zu erregen, dass die menschlichen Kräfte und die menschliche Kunst nie ausreichen würden, diesen grossen Fehler zu beseitigen, und dass die Herstellung vollkommener Fernröhre stets an diesem Fehler scheitern würde. Aber ein anderer Umstand kam noch dazu, der dies bei ihm zur Gewissheit machte. Er glaubte nämlich, dass alle Farbenstrahlen von jedem brechenden Mittel nach einem und demselben ganz bestimmten allgemeinen Verhältnis zerstreut würden, so dass, wenn die Brechung der Strahlen von mittlerer Gattung bestimmt wäre, die Brechung der Strahlen von der äussersten

Gattung auch gegeben sei. Er hatte bei einem von ihm angestellten Versuche Gelegenheit die Refraktion eines Glasprisma's durch ein Wasserprisma aufzuheben, und hätte er den Versuch zu Ende gebracht und das Resultat genau studirt, so würde es ihm wohl schwerlich entgangen sein, dass noch uncorrigierte Farben übrig blieben, und es würde ihn dies sicher auf die Entdeckung der verschiedenen Zerstreuungskräfte der verschiedenen Körper geführt haben. Der Zufall aber wollte es, dass er, um die Refraktionskraft des Wassers zu vermehren, es unglücklicherweise mit etwas Bleizucker vermischte, so dass dadurch die Zerstreuungskraft des Wassers dermassen erhöht wurde, dass sie derjenigen des Glases gleich kam. Auf diese Weise wurde die Correction der sonst unausgeglichenen Farben des Glasprisma's eine vollständige, und Newton sah sich dadurch der Möglichkeit beraubt, eine der schönsten Entdeckungen zu machen. Durch den Streit mit Anton Lucas, in welchen er wegen seiner Versuche mit dem Prisma geriet, wurde er noch einmal veranlasst, die Länge des Spectrums bei verschiedenen Prismen zu messen, doch stets erhielt er unter ganz gleichen Umständen dieselbe Länge des Spectrums. Woher dies rührte ist nicht aufgeklärt, doch mag einerseits vielleicht seine einmal gefasste Meinung der gleichen Zerstreuungskraft aller Körper die Schuld daran getragen haben, andererseits aber ist es auch möglich, dass er stets nur Prismen von nahezu gleicher Zerstreuungskraft erhielt. In dem achten Experiment des II. Teiles seiner Optik trägt er den aus seinen Beobachtungen mit dem Prisma unmittelbar folgenden Satz vor, dass das Licht nach seinem Durchgange durch Glas, Wasser etc. immer gefärbt erscheint, wenn der austretende Strahl mit dem einfallenden einen Winkel bildet, farblos aber, wenn beide Strahlen einander parallel sind.

Nimmt man diese Behauptung als richtig an, so folgt daraus sofort, dass die Aufhebung der chromatischen Abweichung bei allen dioptrischen Instrumenten unmöglich ist. Das Bild dieser Instrumente würde nämlich nur dann farblos sein, wenn die gebrochenen Strahlen parallel den einfallenden wären, d. h. wenn man mit dem Instrumente die Gegenstände wie mit blossem Auge ohne Vergrösserung aber dunkler und undeutlicher sieht.

Damit glaubte er nun hinreichend bewiesen zu haben, dass die Aufhebung der chromatischen Aberration ein Ding der Unmöglichkeit sei, und wandte sich daher den Spiegelteleskopen zu, welche diesen Fehler nicht besitzen. Zu erwähnen ist noch, dass er schon den Gedanken fasste, ein Objectiv aus zwei Linsen zu bilden, zwischen denen eine Wasserschicht sich befindet, allein er verfolgte seinen Gedanken nicht und überliess seine Ausführung seinen Nachfolgern, zumal er selbst von demselben nur die Aufhebung der sphärischen, nicht aber der chromatischen Aberration erhoffte, für welche indess der Gedanke vorzüglich geeignet war.

Der Umstand, dass der grosse Newton die Aufhebung der chromatischen Aberration für unmöglich erklärte, trägt die Schuld daran, dass die Vervollkommnung der Fernröhre nahezu ein halbes Jahrhundert aufgehalten wurde. Man verliess sich eben zu sehr auf die Autorität dieses grossen Mannes, ohne die Versuche selbst wieder anzustellen oder weiter zu führen. Erst dem grossen Euler, dem grössten Analytiker des verflossenen Jahrhunderts, war es vorbehalten diese Untersuchungen wieder aufzunehmen und an der Hand der mathematischen Analysis wesentlich zur Vervollkommnung des Fernrohrs beizutragen.

Newton hatte die Entdeckung der verschiedenen Brechbarkeit der Lichtstrahlen gemacht, allein er hatte die irrige Meinung, dass alle Lichtstrahlen nach einem bestimmten ganz allgemeinen Verhältnisse zerstreut würden, gleichgiltig durch welches Mittel sie hindurchgingen. Auf diese Weise würde es schon genügen, die Brechung von Strahlen mittlerer Brechbarkeit zu bestimmen, um auch sofort die der äussersten Gattungen zu haben. Darüber macht nun Dollond folgende Bemerkungen: „Wenn die Newton'sche Ansicht richtig wäre, „so würden nicht allein gleiche und entgegengesetzte Brechungen „sich aufheben, sondern auch die bei einer Brechung statt-

„findende Zerstreuung würde durch die zweite Brechung ge-
„mildert werden. Es würde daher unmöglich sein, die Strahlen
„auf irgend eine Art zu brechen, ohne dass die verschiedene
„Brechbarkeit der Strahlen ihre Wirkung dabei äusserte; oder
„in anderen Worten: es mag ein Lichtstrahl durch verschie-
„dene Mittel, als Wasser, Glas etc. gebrochen werden, wie er
„wolle, so wird er, falls die Brechung nur so stattfindet, dass
„der austretende Strahl dem eintretenden parallel ist, allemal
„nachher weiss sein; er wird daher stets gefärbt erscheinen,
„wenn der austretende Strahl gegen den eintretenden geneigt
„ist. Die Folge davon ist, dass alle sphärischen Objectiv-
„gläser der Fernröhre von der verschiedenen Brechbarkeit des
„Lichtes gleichmässig nach Verhältnis ihrer Oeffnungen leiden,
„aus welchen Materien sie auch immer bestehen."

Dies war der Grund, warum man sich in der auf Newton
folgenden Zeit nicht mehr mit der Verbesserung der Refrak-
toren beschäftigte; man hielt es für völlig erwiesen, dass eine
Beseitigung der Farbenzerstreuung unmöglich sei, und glaubte
sich besser mit den Reflektoren zu beschäftigen, um dieselben
so vollkommen als möglich zu machen. So war für die Entwickelung des Fernrohrs eine Zeit des Stillstandes hereinge-
brochen, bis endlich im Jahre 1747 der berühmte Mathematiker Euler den Vorschlag machte, die Objectivgläser aus zwei
verschiedenen Materien zusammenzusetzen, und er setzte Objectivgläser zusammen, die aus zwei gläsernen Linsen bestanden, zwischen denen Wasser sich befand. Eine ähnliche Idee
hatte, wie wir sahen, schon Newton gehabt (Opt. L. I. P I.
Pr. 8), indem auch er Objectivgläser vorschlägt, die aus zwei
sphärischen Gläsern bestehen, zwischen denen Wasser sich befindet. Bei Newton war dies nur ein Gedanke geblieben,
dessen Ausführung er nie unternahm. So war Newton einem
grossen Ziele nahe, einen Schritt weiter und er hätte das so
sehnlich Erwünschte gefunden und ein neues grosses Blatt in
seinen Ruhmeskranz gewunden; allein hier war das Schicksal
ihm entgegen, er musste auf diese grosse Entdeckung ver-
zichten.

Euler hatte aber bei seinen Rechnungen ein Gesetz der Brechung angewendet, das er durch Speculationen gefunden, nicht aber experimentell geprüft hatte. Anstatt eine Reihe von Versuchen anzustellen, gab sich Euler theoretischen Speculationen hin, um ein allgemeines Gesetz zu finden, nach welchem für jeden Körper die Abhängigkeit der Farbenzerstreuung von der Brechung ausgedrückt werden könne. Es ist klar, dass er auf diesem Wege unmöglich zu einem der Natur entsprechenden Gesetze gelangen konnte. Er stellte nun das Gesetz auf, dass sich die Farbenzerstreuungen aller Körper wie die Produkte ihrer Brechungen in die Logarithmen dieser Brechungen verhalten. Seine Theorie ist in Kürze folgende: Das Brechungsverhältniss aus Luft in ein gewisses Mittel sei für die mittleren Strahlen $= n : 1$ und für die äussersten, als die violetten $= N : 1$; das Brechungsverhältniss aus Luft in ein anderes Mittel $= n' : 1$ und ähnlich $N' : 1$. Euler setzt nun („Sur la perfection des verres objectifs des lunettes Mem. de Berlin 1747“ p. 285) folgende Stücke fest: 1) N' wird auf dieselbe Weise durch n' ausgedrückt werden wie N durch n. 2) Wenn $n' = 1$, so muss auch $N' = 1$ sein, weil alsdann beide Mittel einerlei sind und keine Brechung geschieht. 3) Wenn man für n' setzt $\frac{1}{n'}$, so muss der analytische Ausdruck, welcher N' durch n' giebt, sich in $\frac{1}{N'}$ verwandeln, denn alsdann gehen die Strahlen aus dem zweiten Mittel ins erste, und ihr Weg ist derselbe wie aus dem ersten Mittel ins zweite. 4) Wenn man $n \cdot n'$ für n' setzte, so müsste der Ausdruck für N sich in $N \cdot N'$ verwandeln. Diese Bedingungen finden statt, wenn N' sich durch dieselbe Potenz von N ausdrücken lässt, auf welche n erhoben werden muss, um n' zu haben, d. h. wenn sowohl $n' = n''$ als $N' = N''$.

Damit folgt leicht: $(N - n) : (N' - n')$ oder $dn : dn'$. Es ist:

$$d \lg n' = \frac{dn'}{n'}; \quad d \, \alpha \lg n = \frac{\alpha \, dn}{n} = \frac{\lg n'}{\lg n} \cdot \frac{dn}{dn'}, \text{ folglich:}$$

$$\mathbf{dn : dn' = n \lg n : n' \lg n'.}$$

Dieses Gesetz legte Euler der Berechnung eines achromatischen Doppelobjectivs zu Grunde, zwischen dessen beiden Glaslinsen Wasser sich befindet, und veröffentlicht seine Rechnung in den „Histoires de l'Acad. de Berlin 1747". Newton's Brechungsgesetz dagegen war folgendes:

Es ist: $(n-1):(N-1) = (n'-1):(N'-1)$,

also: $(n-1):(N-n) = (n'-1):(N'-n')$,

oder: $\dfrac{n-1}{n'-1} = \dfrac{N-n}{N'-n'}; \quad \dfrac{n-1}{n'-1} = \dfrac{dn}{dn'};$

da $(N-n)$ und $(N'-n')$ sehr klein sind, kann man sie setzen resp. $= dn$ und dn';

also ist: $\mathbf{dn : dn' = (n-1):(n'-1).}$

Dieser Umstand erregte das Misstrauen Dollond's gegen die Euler'schen Rechnungen und er setzte in dieselben statt des Euler'schen Gesetzes das aus den Newton'schen Versuchen wirklich sich ergebende. Dabei kam er zu dem Resultat, dass sämmtliche Strahlen sich nur in einem einzigen Punkte vereinigen könnten, wenn die Linse unendlich breit ist. Dies war das Resultat, das sich ihm aus den Euler'schen Rechnungen ergab unter Zugrundelegung des von Newton experimentell gefundenen Brechungsgesetzes.

Euler selbst wagte es nicht, die Newton'schen Versuche anzugreifen, ja er wagte es nicht einmal, einen Zweifel an der Richtigkeit derselben auszusprechen, sondern behauptete sogar, dass dieselben nahezu mit der von ihm gemachten Hypothese übereinstimmten. Wolle man die Versuche in ihrem ganzen Umfange gelten lassen, so würde sich der Unterschied in der Brechbarkeit, welcher stattfindet, wenn Strahlen aus einem Mittel in ein anderes mit anderer Dichtigkeit treten, nicht beseitigen lassen, andererseits aber halte er dies doch für möglich, da in dem Auge, welches doch aus verschiedenen brechenden Mitteln bestehe, die verschiedene Brechbarkeit gleich gemacht werde. Diese letztere Folgerung wäre wohl geeignet gewesen, Dollond auf den richtigen Weg zu führen, allein er hielt an der Unverbesserlichkeit und Richtigkeit der Newton'schen Versuche fest, so dass die

Euler'sche Folgerung auf ihn keinen Einfluss ausübte, wenngleich er ihr auch nicht widersprach.

Auch der berühmte Mathematiker Clairaut nahm sich
jetzt der Sache an, und von verschiedenen Seiten um seine
Meinung über den Streit zwischen Dollond und Euler be-
fragt, gab er endlich die Erklärung, dass, weil die von
Dollond angegebenen Newton'schen Versuche nicht angezweifelt werden könnten, Euler's Gedanken wohl sinnreich, aber
für die Lösung der Frage nicht geeignet wären. („Hist. de
l'Acad. de Paris 1756" pag. 183.)

Ganz unfruchtbar sollte der Euler'sche Gedanke doch
nicht bleiben. Der Euler'sche Aufsatz erregte nämlich die
Aufmerksamkeit des schwedischen Physikers Klingenstierna,
und dieser begann eine genaue Untersuchung der Sache.
Dabei fand er nun, dass nach Newton's eigenen Grundsätzen
der Erfolg des achten Versuches im zweiten Theile des ersten
Buches seiner Optik sich nicht mit seiner Beschreibung desselben vereinigen lasse. Es ist dies derjenige Versuch, welcher Newton zu seiner irrigen Meinung von der Achromasie ver-
leitet hat, und wir wollen auf ihn hier näher eingehen. Newton
sagt, er habe bemerkt, dass das Licht, wenn es aus der Luft
durch verschiedene sich berührende Mittel, als durch Wasser
und durch Glas, wieder in die Luft geht, die brechenden
Flächen mögen parallel sein oder nicht, allemal weiss bliebe,
wofern es nur durch entgegengesetzte Brechungen so ver-
bessert ist, dass die austretenden Strahlen den einfallenden
parallel sind; allein wenn jene gegen diese geneigt sind, das
austretende Licht um so farbiger werde, je mehr es sich von
der Austrittsstelle entfernt. Er nahm dies, wie er sagt, wahr,
als er das Licht durch Glasprismen hindurchgehen liess,
welche in einem mit Wasser angefüllten Gefässe standen.
(Opt. L. I P. II exp. 8 pg. 106.)

Klingenstierna zeigte nun, dass in diesem Versuche das
Licht nach dem Durchgang durch das Wasser und Glas gefärbt ist, selbst wenn die austretenden Strahlen den einfallenden parallel sind. Wenn Newton's Versuch allgemein richtig

wäre, so würden daraus unzählig viele Gesetze der Farbenzerstreuung, nicht aber nur ein einziges folgen; zugleich aber
würden sich diese Gesetze sowohl unter einander bestreiten,
als auch gegen die von Newton selbst angenommenen sein.
(„Schwedische Abhandlungen," Bd. 16 pag. 300.) Klingenstierna meint nun, dass Newton sowohl einen Fehler im
Beobachten als im Schliessen gemacht habe. Dies ist indess nur beschränkt richtig, denn das Newton'sche Gesetz
der Farbenzerstreuung folgt in der That aus seinen Versuchen, sobald man nur die Einfallswinkel der Strahlen so
klein wählt, dass sie proportional ihren Sinus gesetzt werden
können.

Durch diese Bemerkungen wurde Dollond an der Richtigkeit der Newton'schen Schlüsse zweifelhaft, und er entschloss
sich die Versuche zu wiederholen. Er kittete zwei Glasscheiben
mit parallelen Flächen an ihren Rändern so zusammen, dass
daraus ein prismatisches Gefäss entstand, wenn die Oeffnungen
an den Enden oder Grundflächen verschlossen wurden; die
Kante kehrte er nach unten, stellte in das Gefäss ein gläsernes
Prisma mit einer seiner Kanten nach oben, und füllte den
übrigen Raum mit reinem Wasser aus, so dass die Brechung
durch das Prisma entgegengesetzt war der Brechung durch
das Wasser, und ein Lichtstrahl, der durch beide Mittel ging
bloss durch den Unterschied beider Brechungen gebrochen
ward. In dem Masse als er fand, dass das Wasser das Licht
mehr oder weniger als das Glas brach, verminderte oder vergrösserte er den Winkel, den die Glasscheiben mit einander
bildeten, bis er beide Brechungen gleich fand: dies geschah
wenn ein Gegenstand, durch das doppelte Prisma betrachtet,
weder sich zu erhöhen noch zu senken schien. In diesem
Falle waren die Brechungen einander gleich, und die austretenden den eintretenden Strahlen parallel. Wenn nun, sagt
Dollond, die angenommene Meinung richtig ist, so müsste der
Gegenstand, welchen man dadurch betrachtet, in seiner natürlichen Farbe erscheinen. Da dies aber nicht der Fall ist,
so muss also die allgemeine Meinung falsch sein, und es zeigte

sich ferner, dass die Zerstreuung des Lichtes durch das Glasprisma fast doppelt so gross ist als die durch das Wasser
hervorgerufene, denn der Gegenstand ist, obwohl er keine
Brechung erleidet, ebenso sehr mit prismatischen Farben be-
grenzt, als wenn er bloss durch ein gläsernes Prisma betrachtet
würde, dessen brechender Winkel 30° beträgt. (Mem. de l'Acad.
de Paris 1757 pg. 854 und Phil. Tr. Vol. 50 pg. 738.) Dieser
Versuch steht also, obwohl er auf genau dieselbe Weise angeordnet ist wie derjenige Newton's, mit dem letzteren in
Widerspruch, und Dollond fügt daher auch noch hinzu, dass
er alle mögliche Vorsicht angewendet habe und jederzeit be-
reit sei die Wahrheit seiner Behauptung allen zu beweisen,
die es begehren sollten.

Dollond ging nun weiter und schliff sich einen Keil aus
gemeinem Tafelglase, dessen brechender Winkel 9° betrug,
und brachte auch diesen in ein keilförmiges Gefäss mit Wasser,
dessen Winkel er solange vergrösserte bis die Zerstreuung des
Lichtes durch das Wasser genau so gross war als die durch
das Glas erzeugte, d. h. er vergrösserte den Winkel solange,
bis der Gegenstand völlig farblos erschien. Seine Messungen,
bei denen es ihm auf grosse Genauigkeit nicht ankam, ergaben ihm, dass die Brechung durch das Wasser sich ver-
halte zu der durch Glas wie 5 : 4; besonders kam es ihm
darauf an, zu zeigen, dass die Zerstreuung der farbigen Strahlen
durch verschiedene Materien nicht wie die Brechung sich ver-
halte, und dass es möglich sei eine Brechung zu erzeugen,
ohne dass dadurch das Licht auch nur die geringste Zerstreuung
erlitte. Damit war also bewiesen, dass verschiedene Materien
auch eine verschiedene Zerstreuung des Lichtes hervorbringen,
und es stieg in Dollond der Gedanke auf, dass eine solche
Verschiedenheit auch bei den verschiedenen Glassorten hervortreten möchte, zumal er schon bemerkt hatte, dass gewisse
Glassorten zur Herstellung von Objectivgläsern besser geeignet
waren als andere. Er kam daher auf den Gedanken Prismen
aus verschiedenem Glase zu schleifen, sie so aneinander zu
legen, dass die Brechungen nach entgegengesetzten Richtungen

stattfinden mussten und so zu versuchen, ob es möglich sei mit der Zerstreuung der Strahlen auch zugleich die Brechung aufzuheben. Zur Ausführung dieses Versuches kam er jedoch erst im Jahre 1757, und er fand bei einigen Glasarten einen solchen Unterschied der Farbenzerstreuung im Verhältnis zu ihrer brechenden Kraft, wie er nicht zu finden erwartet hatte; den grössten Unterschied fand er zwischen Crownglas und Flintglas. Er schliff sich ein Prisma aus Flintglas, dessen brechender Winkel $= 25^0$ war, und ein zweites aus Crownglas, dessen brechender Winkel $= 29^0$ war, bei denen die verursachte Brechung nahezu gleich, die Zerstreuungskraft aber eine sehr verschiedene war. Alsdann schliff er eine Reihe von Crownglasprismen bis er ein solches fand, dessen Zerstreuung der des Flintglases nahe gleich war. Er mass nun die Brechung des Prismas besonders und fand, dass die Brechung des Flintglases zu der des Crownglases sich verhielt wie $2:3$. Dieses Verhältnis blieb bei allen kleinen Winkeln fast gleich, so dass, wenn man irgend zwei andere nach diesem Verhältnis gearbeitete Prismen so aneinander legt, dass ihre Brechung nach entgegengesetzten Richtungen gerichtet ist, keine Farbenzerstreuung stattfindet. In einem Briefe Dollonds an Klingenstierna, den Clairaut in den Mem. de l'Acad. de Paris 1757 pg. 857 angiebt, hebt derselbe hervor, dass das Verhältnis des sinus des Einfallswinkels zu dem sinus der mittleren Brechung beim Crownglase $= 1:1{,}53$, beim Flintglase $= 1:1{,}583$ ist. Dollond sagte sich nun, dass es auch bei Linsen möglich sein müsse die chromatische Aberration aufzuheben. Es müsse auch hier das Licht durch die beiden sphärischen Gläser nach entgegengesetzten Seiten gebrochen werden, und um dies zu erreichen müsse das eine Glas ein concaves, das andere ein convexes sein. Nun aber müssen die Strahlen in einem wirklichen Vereinigungspunkte zusammenkommen, und es muss daher das Convexglas stärker brechen, also aus Crownglas geschliffen sein, während das concave aus Flintglas bestehen muss. Die Brechungen sphärischer Linsen sind umgekehrt proportional ihren Brennweiten, und es folgt daher, dass die Brennweiten der beiden Gläser sich umgekehrt verhalten wie die Brechungen der beiden Prismen.

Dies waren die Erwägungen die Dollond anstellte um zur Construktion achromatischer Objective zu gelangen. Die Theorie, welche Dollond giebt, beruht auf ziemlich undeutlichen Vorstellungen. Obwohl Dollond so auf den richtigen Weg geführt war, so traten ihm doch bei der praktischen Ausführung solche Schwierigkeiten entgegen, dass deren Ueberwältigung eine lange Zeit in Anspruch nahm. Eine Hauptschwierigkeit war, dass wegen der kleinen Durchmesser der Kugelflächen, grosse Abweichungen von der Kugelgestalt entstanden, und so das Bild höchst undeutlich wurde. Da aber die Flächen kugelförmiger Gläser unzählige Veränderungen erleiden können, ohne dass dadurch die gemeinschaftliche Brennweite geändert wird, so ist es durch Vermehrung oder Verminderung der Gestaltsabweichungen wohl möglich die von der Kugelgestalt herrührenden Abweichungen zweier Linsen gleich zu machen. Da nun ferner bei einem concaven und convexen Glase die Strahlenbrechungen entgegengesetzt sind, so kann man es also dahin bringen, dass die Abweichungen sich aufheben. Eine andere Schwierigkeit liegt in dem Schleifen der 4 Kugelflächen und Dollond sagt: wie sehr genau man bei der ganzen Arbeit zu verfahren habe, wird jeder, der nur einige Uebung in diesem Geschäft hat, leicht einsehen. (Phil. Tr. vol. 50 pg. 733.) Dennoch scheute Dollond keine Mühe, und mit unverdrossener Standhaftigkeit arbeitete er, bis es ihm gelungen war ein achromatisches Objektiv herzustellen. Im Jahre 1758 gelang es ihm endlich das erste achromatische Fernrohr von 5 Fuss Brennweite zu construiren. Dies legte er noch in demselben Jahre der königl. Societät der Wissenschaften zu London vor und es erregte in der ganzen gebildeten Welt ein ungeheures Aufsehen, da die Wirkungen desselben diejenigen der 15 — 20 füssigen Fernröhre damaliger Zeit weit übertrafen.

Somit war das Problem gelöst und John Dollond beschäftigte sich jetzt von 1758 bis zu seinem im Jahre 1761 erfolgten Tode nur noch mit der Verbesserung und Ausführung dieser seiner Fernröhre, die er noch weit zu führen hoffte. In einer seiner letzten Schriften, in denen er von den grösseren Oeffnungen der Objective spricht, sagt er wörtlich: „And „thus J obtained at least a perfect theory for making object „glasses to the aperture of which I could scarce conceive „any limits."

Nach dem Tode J. Dollond's ging das Geschäft an seinen Sohn Peter Dollond über, der im Verein mit dem berühmten Mechaniker Ramsden den Fernröhren jenen hohen Grad von Vollendung gab, den wir noch heute bei den am Schluss des verflossenen Jahrhunderts angefertigten Fernröhren bewundern. So war man dazu gelangt auf empirischem Wege eine Streitfrage zu beantworten, die so lange Zeit hindurch die Geister der grössten Gelehrten beschäftigt hatte. Die Theorie war hier hinter der Erfahrung zurückgeblieben, und die achromatischen Objective waren angefertigt ohne jede vorhergehende Berechnung. Jetzt aber war es Aufgabe der Theorie das Versäumte nachzuholen und die Erfindung zu einem Grade der Vollkommenheit zu erheben, wie er nur mit Hilfe der Theorie erreicht werden kann.

Euler nahm die Nachricht von der Erfindung ungläubig und zweifelnd auf; er konnte sich noch nicht davon überzeugen, dass das von ihm aufgestellte Gesetz falsch sei, und schrieb die Erfolge allein einer zufällig günstigen Wahl der Linsenhalbmesser und der Oculare zu. Er hielt die Brechbarkeit jener beiden Glasarten für zu wenig verschieden von einander, als dass sie solche grossen Wirkungen hervorbringen könnten. Euler war hier überhaupt in eine eigentümliche Stellung geraten; auf der einen Seite war er von der Richtigkeit seiner Theorie fest überzeugt, auf der andern Seite aber hörte er den Ruhm der Dollond'schen Fernröhre und war so in der grössten Verlegenheit. Charakteristisch dafür ist folgende Stelle in seiner Abhandlung in den Mem. de l'Acad. de Berlin 1762 pg. 260: „Ist meine Theorie richtig, so folgt, dass die „Objectivgläser des Herrn Dollond nicht von Farbenzer-

„streuung frei sind, wie es doch Herr Short ausdrücklich
„bezeugt. Ein so feierliches Zeugnis in Zweifel zu ziehen,
„fällt mir so schwer, als eine Theorie aufzugeben, die mir
„so gut gegründet erscheint, und dafür eine Meinung anzu-
„nehmen, die allen bewiesenen Gesetzen der Natur so sehr
„entgegen, als wunderbar und widersinnig ist." Man solle,
sagt er weiter, die Versuche in einem dunklen Zimmer anstellen, und er glaube fest, dass man alsdann einsehen werde,
dass die Dollond'schen Objective so gut wie die gewöhnlichen
den Fehlern der verschiedenen Brechbarkeit der Strahlen
unterworfen seien. Er liess seinen ersten Entwurf, zwei
Mittel von verschiedener Brechbarkeit anzuwenden, fallen und
suchte bloss die Fehler zu verbessern, welche aus der Krümmung der Gläser resultieren.

Es blieb ihm aber ein Rätsel wie Dollond durch Schlüsse,
die seiner Meinung nach ganz gegen die Natur waren, eine
so wichtige Entdeckung sollte gemacht haben, erst Clairaut
war es, der ihm die Zuverlässigkeit der Dollondschen Versuche mitteilte. Vollständig überzeugt wurde er indessen erst
durch die Versuche von Dr. Zeiher. Derselbe zeigte nämlich,
dass das Blei, welches man zu einigen Glasarten nimmt, dasjenige sei, was dem Glase die Eigenschaft erteilt, die äusseren
Strahlen verschieden zu brechen, ohne die Brechung der
mittleren merklich zu ändern. Durch einen grösseren Zusatz
von Blei erzeugte er eine Glasart, von welcher die Strahlen
weit stärker zerstreut wurden als durch Flintglas. Zeiher
erzählt, er sei auf die erste Spur seiner Entdeckung durch
die Vergleichung des Petersburger Krystallglases mit dem
englischen Krystallglase gekommen, insofern beide, wenn man
sie in die Flamme der Schmelzlampe bringt, ihre Durchsichtigkeit verlieren, und blei- oder aschfarben anlaufen, welches
er bei Verfertigung einiger Barometer und Thermometer zuerst wahrgenommen. Weil er nun gewusst, dass man zu dem
Petersburger Krystallglase einen beträchtlichen Teil Mennige
nehme, so habe er aus dem Anlaufe geschlossen, dass auch
zu dem englischen weissen Glase ein grosser Teil Mennige

kommen müsse, und sei ferner auf die Vermutung geraten, ob nicht vielleicht die grössere Farbenzerstreuung von den Bleiteilen herrühre. In dieser Hoffnung habe er auf einer russischen Spiegelfabrik aus verschiedenen Gattungen Glases verschiedene Keile schleifen lassen, und zu seiner grossen Freude darunter zwei Gläser gefunden, ein weisses und ein grünliches, die in Ansehung der verschiedenen Eigenschaft die Farben zu zerstreuen, und der mittleren Brechungskraft, dem englischen Flint- und Crownglase völlig gleichkommen. Er traf ferner bei einem Freunde eine Probe von hartem Krystallglase an, das bloss aus einem Kiesel und Salze bestand. Von diesem Glase liess er sich Keile schleifen, und fand zu seiner grössten Verwunderung, dass die weisse Farbe des Krystalles ganz und gar nichts zur Vermehrung der Farbenzerstreuung beitrage, indem dieser Krystall keine grössere Farbenzerstreuung zeigte, als das russische grünliche oder das englische Crownglas. Da er hierdurch in der Vermutung, dass die grosse Farbenzerstreuung von der zum Glassatze genommenen Mennige herrühren müsse, immer mehr bestärkt wurde, so schloss er weiter, dass ein Glas die Farben auch desto mehr zerstreuen müsse, je mehr Mennige nach Proportion der übrigen Bestandtheile dazu genommen würde, und der Erfolg bestätigte seine Vermutung. Gleiche Teile Mennige und Kiesel gaben ein citronfarbiges Glas, dessen Zerstreuungswinkel 3 mal so gross war als bei dem grünlichen oder dem erstgenannten harten Krystallglase. Aus einem Teil Mennige zu zwei Teilen Kiesel erhielt er ein blassgrünes Glas, dessen Zerstreuungswinkel noch einmal so gross als bei dem Crownglase war; aus 4 Teilen Kiesel und 3 Teilen Mennige entstand ein grünliches Glas, dessen Zerstreuungswinkel um $5/8$ grösser als bei dem Crownglase war. Da er auch englisches Flintglas mit schwarzem Flusse schmolz, erhielt er einen nicht geringen Teil reducirtes Blei, das sich im Schmelztiegel zu Boden gesetzt hatte.

Durch diese ganz kurz angeführten Mitteilungen sah sich Euler genötigt seinem bisherigen Grundsatze, die Zerstreuung

der Strahlen von der Brechung der mittleren abhängig zu
machen, zu entsagen und einzugestehen, dass die Zerstreuung
von der Beschaffenheit des Glases abhänge, die Brechung
aber davon unabhängig sei. Am 30. Januar 1764 erhielt
Euler von Zeiher eine ausführliche Nachricht seiner Versuche,
und dass er durch Vermischung von Mennige und Kiesel
6 Glasarten erzeugt habe, deren mittlere Brechungs- und
Zerstreuungskräfte folgende seien:

	Verhältnis der Mennige und Kiesel.	Mittlere Brechung aus Luft in Glas.	Verhältnis der Zerstreuung im Vergleich mit gemeinem oder Crownglase.
I	$3:1$	$2028:1000$	$4800:1000$
II	$2:1$	$1830:1000$	$3550:1000$
III	$1:1$	$1787:1000$	$3259:1000$
IV	$^3/_4:1$	$1732:1000$	$2207:1000$
V	$^1/_2:1$	$1724:1000$	$1800:1000$
VI	$^1/_4:1$	$1664:1000$	$1354:1000$

Man sieht hieraus, dass eine grössere Menge Blei nicht
allein eine grössere Zerstreuung der Strahlen hervorbringe,
sondern auch die mittlere Brechung bedeutend vergrössere.
Besonders merkwürdig ist die erste Glasart, weil man bis
dahin noch keine Materie kannte, die das Licht stärker als
im Verhältnis von $1:2$ bräche, und weil die Zerstreuung der
Strahlen fast 5 mal grösser ist als die durch Kronglas.

In den Mem. de l'Acad. de Berlin 1766 pg. 150 macht
Euler noch eine andere wichtige Entdeckung Zeiher's bekannt,
welche vollends alle Widersprüche Eulers beseitigte. Um
nämlich dem Glase eine grössere Dichtigkeit für optische
Zwecke zu geben, kam Zeiher auf den Gedanken zu dem
Glassatz noch alkalische Salze hinzuzufügen. Da fand er aber
zu seiner Verwunderung, dass durch diese Mischung die
mittlere Brechbarkeit bedeutend vermindert werde, ohne dass
die Zerstreuung sich nur im Geringsten ändere.

Nachdem Euler dies alles erkannt hatte, zeigte er in den
Mem. der Acad. zu Berlin 1753. 57. 62, dass sich sowohl die

sphärische als auch die chromatische Abweichung leicht durch
Formeln ausdrücken lasse, und gab alsdann in seiner Dioptrik
eine vollständige Theorie aller dioptrischen Instrumente. Es
zerfällt dieses Werk in drei umfangreiche Teile und enthält
eine ausserordentliche Fülle von Gedanken. Die Analyse ist
hier mit einer Gewandtheit angewendet, die jeden, der dieses
Werk liest, in Erstaunen setzen wird; jeder bei Instrumenten
nur mögliche Fall ist in Betracht gezogen. Hier findet man
eine subtile Bestimmung der vorteilhaftesten Halbmesser der
Linsen, die Berechnung einer Combination von zwei bis sechs
Linsen zu einem Okulare, die Bestimmung der sphärischen
und chromatischen Aberration, kurz alles, was nur bei den
Instrumenten zur Sprache kommen könnte. Euler gebührt
also der Ruhm die Vervollkommnung des Fernrohres sowohl
angeregt als auch nahe vollendet zu haben. Die in der
Dioptrik niedergelegten Untersuchungen waren Epoche machend
und begründeten den Ruhm Eulers.

Es ist bemerkenswert, dass jene Annahme, nach welcher zwischen Zerstreuung und Brechung ein allgemeines
Gesetz gelten soll, auch die Fortschritte in den Arbeiten eines
anderen tüchtigen Mathematikers, Clairaut, hemmten. Dieser
hatte angenommen, dass sein sollte:

$$dn : dn' = \frac{n^2 - 1}{n} : \frac{n'^2 - 1}{n'}$$

und auch er konnte in Folge dessen zu keinen richtigen Resultaten gelangen. Er meint ferner, dass ohne einige Hilfe
von Seiten der Theorie es nicht möglich sei Fernröhre von
gleicher Güte mit den Dollond'schen zu verfertigen, wenn man
diese nicht blindlings nachmachen wolle, und dieses sei schwerlich zu raten. Ferner habe Dollond seine Masse nur beiläufig
angegeben, während eine genaue Kenntniss derselben notwendig sei. Ferner kämen die besten Dollond'schen Fernröhre
den Newton'schen Teleskopen nicht gleich, obwohl man er-
warte, dass sie dieselben übertreffen müssten, wenn die un-
gleichartigen Strahlen nach der Brechung durchs Glas so
genau, wie nach der Zurückwerfung vom Spiegel in einen

Punkt vereinigt werden könnten, weil in dem letzteren Falle mehr Licht als in dem ersteren verloren gehe. Diese Ansicht ist offenbar falsch, wie dies die Verbreitung unserer heutigen dioptrischen Fernröhre zur Genüge darthut, während man von den Teleskopen mehr und mehr zurückkommt. Clairaut bestimmte nun zuerst die Brechungs- und Zerstreuungskraft verschiedener Glasarten und nahm zu diesem Zwecke zwei Prismen, die er dicht aneinander legte. Diese brachte er nun in ein verfinstertes Zimmer und liess durch einen Spalt Sonnenstrahlen darauf fallen, so dass gewöhnlich ein gefärbtes Sonnenbildchen entstand, erst wenn das Bild vollkommen weiss war schloss er daraus, dass die verschiedene Brechbarkeit der Strahlen sich gegenseitig aufgehoben hatte. Um nun die brechenden Winkel zu bestimmen, bei denen das Letztere eintritt, verfertigte er sich ein Prisma, dessen eine Seitenfläche cylindrisch und einige Grade weit war. Auf diese Weise standen ihm, ohne seine Prismen zu ändern, eine unendliche Menge von Winkeln zur Verfügung, und er konnte leicht den wahren Winkel bestimmen, indem er sich denjenigen Punkt der krummen Oberfläche merkte, auf welchen die Strahlen fielen, wenn das Sonnenbild völlig weiss erschien. Clairaut bestimmte ferner auch das Verhältnis, nach welchem verschiedene Glasarten die Strahlen zerstreuen, indem er das längliche Sonnenbild, welches sie hervorbrachten, mass. Dabei kam er im Wesentlichen zu denselben Resultaten wie Dollond, nur fanden sie das Verhältnis der Zerstreuung im Glase und im Wasser verschieden. Dollond hatte gefunden 5 : 4, Clairaut aber 3 : 2.

So trug also dieser Irrtum die Schuld daran, dass drei grosse Männer wie Newton, Euler und Clairaut dadurch in ihren Forschungen aufgehalten wurden. Erst nach Beseitigung dieses Hindernisses konnte auch Clairaut seine Untersuchungen fortsetzen. In den „Mémoires de l'Academie de Paris" 1757. 1761. 1762 veröffentlichte auch er vortreffliche Abhandlungen über dieselben, schon bei Euler erwähnten Themata, allein nicht mit der Ausführlichkeit und Eleganz wie sie bei Euler möglich war, ja teilweise mit grösseren Fehlern, wie z. B. bei seiner Berechnung des dreifachen Objectivs. Auch D'Alembert griff mit Erfolg in die Untersuchungen, welche jetzt die Geister beschäftigten, ein, und veröffentlichte eine grosse Anzahl von Abhandlungen, die in seinen „Opuscules mathematiques" gesammelt sind, allein da sie von rein theoretischem Interesse sind, so können wir sie hier nur erwähnen ohne näher darauf einzugehen. Er giebt auch Methoden an um die Fehler, an denen die Fernröhre leiden, zu verbessern, so z. B. dadurch, dass die Objectivgläser in einigen Fällen ein wenig von einander gerückt werden, oder dass man bisweilen Oculargläser von verschiedenen Brechungskräften gebraucht.

Auch Boscovich lieferte eine beträchtliche Anzahl theoretischer Abhandlungen, aber zugleich sind seine schönen Untersuchungen zu erwähnen, die er über die Mittel anstellte, die Brechung und Zerstreuung des Lichtes bei verschiedenen Körpern zu bestimmen, und die er in seiner Schrift: „Dissertationes quinque ad Dioptr. pertinentibus", Wien 1767, veröffentlichte. Ueberhaupt ist diese Zeit eine an theoretischen Untersuchungen äusserst reiche, und letztere sind es auch gewesen, welche das Fernrohr zu einer solchen Vollendung gebracht haben, wie wir sie heute bewundern. Allein es lässt sich nicht leugnen, dass diese Untersuchungen, so wichtig sie auch waren, doch nicht den Einfluss ausübten, den man für die Praxis von ihnen erhoffte. Die Künstler sind zum grössten Teil ihre eigenen Wege gegangen, ohne die Hilfe der Theorie in Anspruch zu nehmen, sei es nun, dass sie dieselbe nicht kannten, oder sei es, dass sie sie zu gering schätzten. Die Erfolge, welche von Dollond an bis heute in der Vervollkommnung des Fernrohres aufzuweisen sind, sind weniger jenen scharfsinnigen Theorien zu verdanken, als vielmehr der grossen Geschicklichkeit und Geduld der Künstler. In seinen astronomischen Briefen bedauerte es schon Bernouilli, dass der berühmte Peter Dollond beinahe gar nichts von der Mathematik verstände, und er kann es nicht genug bewun-

dern, wie ein blosses Probiren aufs Geratewohl ihn soweit bringen konnte. In den Phil. Tr. vom Jahre 1821 finden wir folgenden Ausspruch J. F. W. Herschel's: „It has not unfre-
„quently of late been made a subject of reproach to mathe-
„maticians, who have occupied themselves with the theory of
„the refracting telescope, that the practical benefit, derived
„from their speculations, has been by no means commensu-
„rate to the expenditure of analytical skill and labour, they
„have called for, and that, from all the abstruse researches
„of Clairaut, Euler, d'Alembert and other celebrated geometers
„nothing hitherto has resulted beyond a mass of complicated
„formulae, which, though confessedly exact in theory, have
„never get been made the basis of construction for a single
„good instrument, and remain therefore totaly inexplicable or
„at least unapplied in practice. — It might have been expec-
„ted, that the appeal of this mathematicians to her analysis
„would long ere this, have been successfull, and that the
„artist have bowed to the dictates, however oracular of a
„theory, which he was satisfied, had its fondation in unerring
„truth, and that at last the result of their combined labours
„have been the atteinment of all the perfection, the telescope
„is susceptible of. Unhappily however this is far from being
„the case. All these formulae, requiring a more extensive
„share of algebraical knowledge, than can be expected in a
„practical optician, are thrown aside by him in despair, and
„the best and most successfull artists are content to work
„their glasses by trial or by empirical rules.“

Auch Repsold sagt in Gilbert's Annalen 1810, dass die von ihm nach Klügel's Theorie geschliffenen Gläser keine Wirkung hervorbrachten, so dass er sich genötigt sah, auf mechanische Weise die Bogen zu suchen, nach denen die englischen Linsen geschliffen sind, dann erst sei es ihm gelungen, brauchbare Linsen herzustellen. Aus dem Gesagten ist nun nicht etwa der Schluss zu ziehen, dass die Theorie der Praxis nichts helfen könne, ihr vielleicht sogar verderblich sei, sondern Theorie und Praxis müssen stets Hand in

Hand gehen, wenn anders ein sicherer Erfolg möglich sein soll. Dass die von Repsold nach der Theorie angefertigten Linsen nicht den gehofften Erfolg hatten, ist wohl auch zum grossen Teil den Fehlern der Theorie zuzuschreiben, namentlich aber den Vernachlässigungen, welche die Theorie sich bei den Rechnungen erlaubte, um elegante und kurze Resultate zu erhalten. So vernachlässigte man völlig die Dicke der Linsen, man betrachtete sie als unendlich dünn, dann aber liess man auch die Entfernung der beiden Linsen, aus denen das Objectiv besteht, ganz aus dem Auge. Diese Vernachlässigungen der Theorie sind gerade genügend, um die Fehler der Resultate so gross zu machen, dass die nach ihnen geschliffenen Linsen unbrauchbar werden. Es ist nicht zu verwundern, dass die Mechaniker, welche der Hilfsmittel der Mathematik entbehren mussten, nach solchen Misserfolgen der Theorie mit Misstrauen entgegentraten, und ihre Hilfe zu vermeiden suchten. Dazu kam noch, dass sie die Sprache dieser Resultate nicht lesen konnten, und die Mathematiker sich nicht die Mühe gaben, Werke zu schreiben, in denen den Künstlern mit klaren Worten Anleitung gegeben wird, ihre Arbeiten nach den Berechnungen der Theorie auszuführen.

Allerdings ist ein Versuch derart mehrmals gemacht worden, doch stets ohne Erfolg. Unter Euler's Leitung verfasste Fuss ein Werk: „Instruction détaillée pour porter les lunettes au plus haut degré de perfection 1774“. Dieses Werk konnte jedoch die erhoffte Aufmerksamkeit unmöglich finden, denn es enthielt alle aus den Vernachlässigungen der Theorie hervorgehenden Fehler und nur zwei Beispiele, die, wie man glaubte, genügend wären, um nach ihren Resultaten Linsen von den verschiedensten Glasarten ohne erheblichen Fehler anzufertigen. Dieser grobe Irrtum war dann namentlich der Grund zu dem der Theorie entgegengebrachten Misstrauen, da man nur zu bald denn Irrtum entdeckte und nun glaubte, die Theorie wolle die Künstler bloss irre führen. Ein anderer derartiger Versuch wurde 1770 von Jeaurat gemacht, welcher eine Tafel gab, nach der die Künstler im Stande sein sollten, für jede Brechung und Farbenzerstreuung die Halbmesser ihrer zusammengesetzten Objective zu finden. Allein auch dieser Versuch scheiterte einerseits daran, dass die sphärische Aberration gar nicht berücksichtigt war, andererseits, weil die Tafel auch bis auf fünffache Objective ausgedehnt war, und so unbequem und unvollständig werden musste. Ebenso sind auch alle anderen Versuche gescheitert, deren noch mehrere gemacht worden sind, die ich aber hier nicht anführen will, da sie von keiner Wichtigkeit sind.

Genau in dieselbe Zeit dieser wichtigen theoretischen Untersuchungen fällt auch das Bestreben, möglichst gutes, brauchbares Glas zur Anfertigung der Linsen herzustellen, und da in damaliger Zeit die Darstellung eines brauchbaren Flintglases in grösseren Stücken am schwierigsten war, so stellte die Akademie der Wissenschaften zu Paris im Jahre 1766 die Lösung dieses Problems als Preisaufgabe. Den Preis dafür erhielt Lebaude, aber trotzdem wiederholte die Akademie die Preisfrage im Jahre 1786 und setzte 12 000 Livres als Preis dafür aus. Allein sie konnte keine befriedigende Antwort erhalten. Auch die Akademie in London setzte einen Preis von 1000 Pfd. Sterling aus für denjenigen, der das beste Flintglas liefern würde, aber auch dieser Preis konnte nicht vergeben werden, da keine Beantwortung erfolgte. Später beschäftigten sich damit Lambert und Dutougerais, aber ebenfalls, ohne grosse Fortschritte dabei zu erzielen. Delambre rühmt in einem Berichte an die Pariser Akademie das von Kruines und Lançon angefertigte Glas, allein man findet nirgend eine Nachricht, dass damit die Vervollkommnung der Fernröhre gefördert worden wäre. Nach diesen waren es Artigues und Cauchois, Macquer Roux zu St. Gobain und Annt zu Langres, welche das von ihnen erzeugte Glas zu Objectivgläsern von 45 Linien Oeffnung verwendeten; es gelang ihnen aber nicht, grössere Stücke von Flintglas herzustellen. Erst Guinand, einem Uhrmacher zu Neufchatel, gelang es grosse Gläser zu machen. Nachdem er sich mit Frauenhofer vereinigt hatte, bildeten beide ihre Kunst in der Fabrik zu Benedictbeuren weiter aus, und es gelang ihnen auch in kurzer Zeit 9zöllige Linsen anzufertigen. Nach dem Tode Guinands und Frauenhofers setzten die beiden Söhne des ersteren im Verein mit v. Utzschneider die Fabrikation fort. Indessen schon nach kurzer Zeit trennten sich alle drei; v. Utzschneider führte die Anstalt zu Benedictbeuren fort, der älteste Sohn Guinands gründete eine ähnliche Anstalt in der Nähe von Neufchatel, und der jüngere Sohn vereinigte sich mit Bontemps, dem Direktor der Glasfabrik zu Choissy-le-Roy. Die beiden letzteren hatten zuerst keine günstigen Erfolge und vereinigten sich daher mit dem zweiten Direktor, Herrn Thibeaudeau. Im Jahre 1828 gelang es ihnen endlich, völlig fehlerfreie Linsen von 12—14 Zoll Durchmesser herzustellen. Im Jahre 1848 legte Bontemps wegen der politischen Verhältnisse des Landes seine Stellung zu Choissy-le-Roy nieder und begab sich nach Birmingham zu den Gebrüdern Chance. Im Verein mit diesen gelang es, völlig fehlerfreie Flintglasmassen von 26 Zoll Durchmesser und einem Gewicht von 200 Pfund, und Crownglasmassen von 20 Zoll Durchmesser herzustellen. Chance verfertigte auch zu dem Fernrohre Newall's ein Objectiv von 25 Zoll Durchmesser, und das von ihm für die amerikanische Regierung angefertigte Objectiv hat eine Oeffnung von 26 Zoll; es befindet sich auf dem Observatorium zu Washington. Ein noch grösseres Objectiv stellte Feil in Paris für die australische Regierung her; es hat eine Oeffnung von nahezu 28 Zoll.

Das Verfahren, dessen die Herren Chance und Feil sich zur Erzeugung so grosser fehlerfreier Glasmassen bedienen, ist ein Geheimnis. Es ist darüber nur das Folgende bekannt. Das Glas wird in grossen Häfen dargestellt und einer langsamen Abkühlung unterworfen; alsdann wird es zerbrochen um bestimmen zu können, welche Teile desselben für optische Zwecke brauchbar sind. Diese Teile werden gesammelt und bei Rotglut zu einer einzigen Scheibe zusammengeschmolzen,

und aus dieser Scheibe wird dann, nachdem sie einen äusserst
sorgfältigen Abkühlungsprocess durchgemacht hat, die Linse
gefertigt. Der praktische und wissenschaftliche Optiker wird
bei der Anfertigung einer Linse zuerst beide Seiten des Glases,
sowohl des Flint- als des Crownglases, so nahe als möglich
parallel machen und sie dann sorgfältig poliren. Dann erst
ist er im Stande Blasen, Streifen und andere Fehler zu bemerken und zu entscheiden, ob das Glas für optische Zwecke
brauchbar ist oder nicht. Alsdann ist zu untersuchen, ob die
Abkühlung eine vollständige war oder nicht. Dies geschieht
mit Hilfe des polarisirten Lichtes, da bei ungleichmässiger
Dichtigkeit des Glases ein schwarzes Kreuz sich zeigt, während
dieses bei gleichmässiger Dichtigkeit fehlt. Auf der Welt-
ausstellung zu London erregte ein neues optisches Glas die
allgemeinste Aufmerksamkeit. Es war von Maës zu Clichy
bei Paris angefertigt und unterschied sich vom Flintglase
dadurch, dass ein grosser Teil des Bleioxyds durch Zink-
oxyd vertreten, und reich an Borsäure war. Bei der Anfertigung
optischer Apparate sollte dieses Glas aber nicht das Flintglas,
sondern das Crownglas ersetzen, weil es die Farben des Lichtstrahl's noch weniger zerstreute als dieses. Es erfüllte seine
Zwecke so vollkommen, dass die Jury dem Darsteller die
erste Medaille zuerkannte. Littrow hatte schon früher 1827
theoretische Untersuchungen über die aus solchem Glase be-
stehenden Fernröhre angestellt und gefunden, dass bei diesen
die beiden Linsen, welche das Objectiv bilden, nicht mehr
nahe in Contakt, sondern dass sie in beträchtlicher Entfernung
von einander aufgestellt werden müssen, um ihre grösste Wirkung
zu äussern, und zwar derart, dass die zweite Linse ungefähr
in die Mitte des ganzen Fernrohrs kommt, falls die Verhältnisse
der Glasarten gut gewählt sind. Man hat diese Fernröhre
dialytische genannt, und der Optiker Plössl in Wien hat mehrere
derselben ausgeführt. Die Wirkungen derselben übertreffen
diejenigen der bisherigen achromatischen Fernröhre bei weitem.
Die Vorteile dieser Art von Fernröhren bestehen darin, dass
die zweite oder innere Linse bis auf die Hälfte und darüber

verkleinert werden kann, wodurch die Schwierigkeit in der Herstellung grösserer homogener Glasstücke bedeutend vermindert, und die Länge des Fernrohres um die Hälfte verkürzt wird. Wir hatten früher gesehen, dass Euler resp. Newton den Vorschlag machte statt der Gläser besondere Flüssigkeiten zu wählen, und dieser Vorschlag, der damals von Dollond unausgeführt geblieben war, wurde 1813 von Blair und Brewster in London, 1822 von Girard in Wien, 1828 von Barlow, und nahe um dieselbe Zeit auch von Rogers in Edinburg mit gutem Erfolge ausgeführt. Zu diesen sogenannten aplanatischen Fernröhren gebrauchte Blair statt des reinen Wassers Auflösungen von Salzen etc., durch welche die Farbenzerstreuung des Wassers beträchtlich vermehrt wird. Ferner wendete er auch Oele an, die wie er angiebt, sehr wirksam sein sollen. Blair nennt solche Objective aplanatisch, d. h. Objective, bei denen jede Abweichung völlig aufgehoben ist, da er behauptet, dass hier alle Farben aufgehoben werden, während bei den gewöhnlichen achromatischen Linsen sich noch das secundäre Spectrum bemerklich macht. Das von Blair 1789 angefertigte Fernrohr hatte 2 Zoll Apertur und 12 Zoll Brennweite, es hatte eine 140 fache Vergrösserung und es soll in seinen Wirkungen ein Dollond'sches Fernrohr von 42 Zoll Brennweite weit übertroffen haben. (Robinson's Zeugniss. Edinburg Journ. of Science No. 8.) Barlow setzte an die Stelle der zweiten biconcaven Linse eine biconcave mit Schwefelkohlenstoff gefüllte Hohllinse und stellte sie in beträchtlicher Entfernung von der ersten Linse auf, während Blair beide Linsen in Contakt gebracht hatte. Das von Barlow angefertigte Fernrohr hatte eine Oeffnung von 6 Zoll und eine Länge von 7 Fuss. Wegen der starken Farbenzerstreuung des Schwefelkohlenstoffs zeichnen sich diese Fernröhre durch ihre grosse Oeffnung und durch ihre bequeme Kürze von den übrigen Fernröhren von gleicher Wirkung aus.

Beide Arten von Fernröhren haben bisher wenig praktische Anwendung gefunden, bei dem ersteren oder dialytischen ist die Herstellung der Glasarten mit zuviel Schwierigkeiten verbunden, und bei dem letzteren ist es die leichte Zersetzbarkeit der Flüssigkeiten, welche der Einführung dieser Fernröhre entgegensteht. Andererseits hat man in der Herstellung der gewöhnlichen achromatischen Fernröhre eine solche Geschicklichkeit erlangt, dass die Vollkommenheit der Instrumente nichts zu wünschen übrig lässt.

Weitere Betrachtungen über die Farben- und sphärische Abweichung.

Unter der Voraussetzung homogenen Lichtes findet in den einfachen Linsen eine Farbenabweichung nicht statt; dabei werden bestimmte unveränderliche Zahlen n und N als Brechungsindices angenommen. In der Wirklichkeit liegt jedoch die Sache nicht so einfach, denn bekanntlich ist, um es so auszudrücken, der weisse Lichtstrahl aus einer Anzahl farbiger Strahlen zusammengesetzt, und jeder Farbe entspricht ein anderes Brechungsverhältnis. Die roten Strahlen sind die am wenigsten, — die violetten die am meisten brechbaren. Wir wollen jetzt unter n und N die mittleren Brechungsindices beziehungsweise des Kron- und Flintglases verstehen, d. h. diejenigen, welche ungefähr der Mitte der Spectra und nicht zu fern von dem Maximum der Lichtstärke, etwa den grünen Strahlen entsprechen. Im allgemeinen werden sich also die beiden Indices darstellen lassen durch $n + \gamma k$ und $N + \Gamma K$, wo n, k, N, K Konstanten sind, wo aber γ und Γ für jede Strahlengattung ihre besonderen positiven oder negativen Werte haben.

Bei einem aus Kronglas und Flintglas zusammengesetzten Objective besteht dann der Satz: „Die Brennweiten beider Linsen haben entgegengesetzte Vorzeichen und stehen der Grösse nach im directen Verhältnisse der Zerstreuungsvermögen". In einer Formel drückt man dies folgendermassen aus:

$$F \text{ nahe} = - \frac{n-1}{N-1} \cdot \frac{\partial N}{\partial n} \cdot f.$$

Dabei bezeichnet F die Brennweite der Flintglaslinse, f diejenige der Kronglaslinse. Unter dem Namen „Brennweite" einer Linse versteht man die Entfernung des von einem unendlich fernen Objecte gemachten Centralstrahlenbildes, unter der Voraussetzung, dass die Glasdicke unendlich klein ist.

Die Grössen: $\dfrac{\partial\,n}{n-1}$ und $\dfrac{\partial\,N}{N-1}$ heissen die Zerstreuungsvermögen der beiden Glassorten.

In dieser nur angenäherten Form findet sich die Farbengleichung in fast allen Lehrbüchern, und es wird darauf hingewiesen, dass die Farbenabweichung hinreichend aufgehoben ist, wenn diese Näherungsgleichung erfüllt ist. Allein in dieser Gleichung ist weder auf die Dicke der Kronglaslinse (gemessen in der Axe), noch auf den Zwischenraum zwischen der zweiten und dritten brechenden Fläche, noch auf die Dicke der zweiten Linse die geringste Rücksicht genommen, indem man diese Grössen als so klein betrachtet, dass sie ohne weiteres vernachlässigt werden können. Aber gerade aus dieser Vernachlässigung rühren die Unvollkommenheiten der Objective her. Die Berücksichtigung dieser Grössen würde allerdings keine so einfache Gleichung ergeben, aber die Vernachlässigung derselben geschieht auf Kosten der Güte des Objectivs.

Wenn für einen der Krümmungsradien z. B. für r_1 eine bestimmte Grösse vorgeschrieben wäre, so würde es leicht sein zu den gegebenen Grössen n, N, α, β, δ, ω die passendsten Krümmungsradien zu finden. (Dabei bedeutet: n das Brechungsverhältnis des Kronglases, N das des Flintglases,

$$\omega = \frac{N-1}{n-1} \cdot \frac{\partial\,n}{\partial\,N}$$

das Zerstreuungsverhältnis oder den Zerstreuungsindex, α die Dicke der Kronglaslinse, β den Zwischenraum zwischen der zweiten und dritten brechenden Fläche und δ die Dicke der zweiten Linse.) Ist dies aber nicht der Fall, so giebt es unendlich viele Lösungen der Aufgabe. Man könnte für r_1 jeden beliebigen Wert festsetzen, da aus der

Theorie kein Grund zu ersehen ist, warum gerade r_1 bevorzugt sein sollte. Allein was die Theorie nicht zu leisten vermag, das vollbringt innerhalb gewisser Grenzen der Mechaniker. Bei der Anfertigung achromatischer Objective ist man zu der Einsicht gekommen, dass es durchaus nicht gleichgültig ist, von welchem Werte von r_1 man ausgeht, wenn man sich auch — bei vorgeschriebener Brennweite des Kronglases oder des ganzen Doppelobjectivs — noch so viel Mühe giebt die sphärische und chromatische Aberration durch passende Grössenbestimmung von r_2; r_3; r_4 aufzuheben. Daraus ersieht man wohl, dass die Theorie noch in irgend einer Weise mangelhaft sein muss, dass sie noch an einer Unvollständigkeit leidet und einer Ergänzung bedarf. Die Fraunhofer'schen grösseren Objective, deren Verhältnisse, was die sphärische Aberration anbetrifft, wohl nur auf empirischem Wege gefunden wurden, haben sich am wirksamsten gezeigt. Da endlich gelang es J. F. W. Herschel eine Theorie aufzustellen, deren Ergebnisse mit den Fraunhofer'schen Verhältnissen nahezu übereinstimmen. Herschel stellte noch eine besondere Bedingungsgleichung auf, deren Herleitung sich in den Transactions of the royal society for 1821 p. II, pag. 222 findet.

Diese Gleichung ist eine lineare in Bezug auf $\dfrac{1}{r_1}$ und $\dfrac{1}{r_3}$.

Herschel und Barlow berechneten nun eine Tafel, aus welcher für jedes gegebene n, N, und ω ohne Rechnung diejenigen Krümmungshalbmesser zu entnehmen sind, die den beiden Herschel'schen Gleichungen und der (vorher angeführten genäherten). Farbengleichung genügen.

Diese Tafel nebst Gebrauchsanweisung findet sich auch bei Prechtl. Daselbst soll auch an drei Beispielen gezeigt werden, dass die nach dieser Tabelle berechneten Krümmungsradien beinahe dieselben seien, wie diejenigen der berühmten Fraunhofer'schen Objective. Allein dieser Nachweis ist verfehlt, denn Prof. Stampfer hat auf Prechtl's Ersuchen wohl die Krümmungsradien, nicht aber die Brechungs- und Zerstreuungsverhältnisse der Fraunhofer'schen Objective gemessen, die Prechtl nach Gutdünken annimmt. In Littrow's Dioptrik finden sich dieselben Beispiele, aber so angeführt, dass man vermuten könnte n_1, N_1 und ω seien ebenfalls von Stampfer gemessen worden. Derselbe Fehler findet sich auch in Grunerts optischen Untersuchungen (Leipzig 1847. Teil II. Vorrede pag. VIII). Fraunhofer aber hielt es für das vorteilhafteste bei seinen grösseren Objectiven die Kronglaslinse auf beiden Seiten convex und r_1 absolut genommen, über doppelt so gross zu nehmen als den zweiten, dagegen suchte er die chromatische und sphärische Aberration durch Probieren aufzuheben.

Allein die erwähnte zweite von Herschel aufgestellte Gleichung würde auf die grössere Schärfe des von einem unendlich entfernten Objecte gemachten Bildes ohne allen Einfluss sein, die darnach construirten Objective würden uns die astronomischen Objecte um nichts deutlicher zeigen als durch ein Objectiv, dessen erster Radius r_1 beliebig angenommen wird. Diese Herschel'sche Ergänzung der Theorie hat sich also, wie alle später vorgeschlagenen, als wertlos erwiesen. Nur Gauss stellte eine brauchbare Forderung auf und Grunert sagt darüber (pg. VIII): „Endlich habe ich das von Gauss angegebene, aber nicht weiter analytisch entwickelte Princip „einer ausführlichen Untersuchung auf dem Wege der Rechnung unterworfen, und möchte wohl wünschen, dass sich „einmal ein geschickter Künstler entschlösse, nach diesem „Principe, welchem ich in theoretischer Beziehung den Vorzug vor allen übrigen Principien einzuräumen keinen Anstand „nehme, ein Doppelobjectiv zu bauen, was bis jetzt noch nie „geschehen zu sein scheint." Indem Grunert von gar nicht ungewöhnlichen Brechungs- und Zerstreuungsverhältnissen ausgeht, gelangt er, (ohne Berücksichtigung der Glasdicke und der Entfernung der zweiten von der dritten Fläche), zu einer Gleichung vierten Grades, die jedoch nur ein Paar reeller Wurzeln hat, vermöge deren er schliesslich zu folgenden Krümmungsradien gelangt, entweder:

$r_1 = + 14''073; \quad r_2 = + 54''990; \quad r_3 = + 17,''674; \quad r_4 = + 11''733$ oder:

$r_1 = -7''680; \; r_2 = -5,''462; \; r_3 = +4,''175; \; r_4 = +3''729;$
wenn die Gesammtbrennweite des Doppelobjectivs 100 Zoll beträgt.

Was die Dicke der Gläser betrifft, so ist für jede gegebene Apertur ein gewisses Minimum der Dicke erforderlich. (D. h. bei denjenigen Linsen, die in der Mitte am dicksten sind.) Bezeichnen wir wie vorher diese Dicke mit α; die halbe Apertur mit p, die ganze mit P, die Brennweite der ersten Linse mit f und beachten, dass $\dfrac{1}{n-1}$ nahe gleich 2 ist $\left(n = \dfrac{3}{2}\right)$, so ergiebt sich auf einfache Weise:

$$\alpha \text{ nahe} = \frac{1}{2}\, p^2 \left(\frac{1}{r_1} - \frac{1}{r_2}\right) \text{ oder nahe} = \frac{1}{8}\, P^2 \left(\frac{1}{r_1} - \frac{1}{r_2}\right)$$

$$\text{oder } \alpha \text{ nahe} = \frac{1}{f} \cdot p^2 \text{ und genauer} = \frac{1}{2\,(n-1)} \cdot \frac{1}{f} \cdot p^2.$$

Allein diesen Formeln liegt die Annahme zu Grunde, dass die Linse am Rande scharfschneidig sei, eine Annahme die unausführbar ist, da eine solche Linse vom Mechaniker nicht in die Fassung gebracht werden kann. Man muss also dem Glase eine etwas grössere Dicke geben als die Formel sie angiebt.

Eine ganz wesentliche Frage ist noch die, welchen Mittelwert man am besten der Grösse $\dfrac{\partial N}{\partial n}$ beizulegen habe, wenn die Glassorten vorgeschrieben sind. Schon Fraunhofer hat sich ernstlich mit dieser Frage beschäftigt, da sie für die Bestimmung der Grösse: $\omega = \dfrac{N-1}{n-1} \cdot \dfrac{\partial n}{\partial N}$ von der grössten Wichtigkeit ist, aus welcher Grösse bekanntlich die Krümmungshalbmesser berechnet werden. Fraunhofer hatte sich dafür seine eigene Regel gebildet, mit Rücksicht auf die Intensitäten, aber er war mit dem Erfolg seiner Berechnung nicht sehr zufrieden und wich in der Praxis mit bestem Erfolge davon etwas ab. Prechtl sagt § 112 darüber: „Nach Herrn Fraun-„hofer's Beobachtungen vereinigt sich in dem Bilde des Ob-„jectivs die grösste Menge Licht, oder die Abweichung der

„hellsten und dichtesten Farben wird am geringsten, wenn das
„Zerstreuungsverhältnis" (ω) etwas grösser genommen wird,
„als es die Versuche geben. Diese Vermehrung beträgt für
„mittlere Zerstreuungsverhältnisse etwa $\frac{12}{1000}$ des gegebenen Ver-
„hältnisses. Wenn also das gefundene Zerstreuungsverhältnis
„der beiden Glassorten $= 0{,}650$ ist, so würde es nach dieser
„Correction $= 0{,}650 + 0{,}650 \cdot \frac{12}{1000} = 0{,}6578$ werden; nach wel-
„chem Verhältnis sodann die Halbmesser aus der Tafel (Herschel-
„Barlow) zur Berechnung kommen."

Willibald Schmidt sagt in seinem vortrefflichen Werke
„Die Brechung des Lichtes in Gläsern" Leipzig 1874; p. 109:
„Man muss nun voraussetzen, dass annähernd die Brechungs-
„exponenten des Lichtes in beiden Glasarten durch die bino-
„mischen Ausdrücke:

$$n = \alpha_1 + \beta_1\, 1^{-k} \quad \text{und} \quad N = \alpha_2 + \beta_2\, 1^{-k}$$

„gegeben seien. Wir wissen, dass die Lichtbrechung sich nicht
„mit hinreichender Genauigkeit durch die zweigliedrige Form
„$\alpha + \beta\, 1^{-7/3}$ ausdrücken lässt; will man gleichwohl sich der-
„selben bedienen, so hat man, um die daraus entspringende
„Undeutlichkeit der Bilder möglichst wenig fühlbar zu machen,
„der Intensität der Lichtwirkung auf unser Auge in sofern
„Rechnung zu tragen, dass die aus den Formeln durch Rech-
„nung hervorgehenden Einzelwerte der Brechungsexponenten
„für die verschiedenen Spectrallinien sich in dem Masse den
„beobachteten besser anschliessen, als diese Linien in einem
„intensiver wirkenden Teile des Spectrums sich befinden. Nun
„ist aus der Lehre von der Methode der kleinsten Quadrate
„bekannt, dass bei gleicher Zuverlässigkeit der Beobachtung
„die Genauigkeit wie die Quadratwurzel aus der Anzahl der
„Beobachtungen wächst; man hat also zu dem genannten Zwecke
„bei Berechnung der wahrscheinlichsten Werte von α und β
„die durch die Beobachtung gefundenen Brechungsexponenten
„oder Linien $B, C, \ldots H$ mit den Quadraten der Intensitäts-
„coefficienten als Gewichten p zu versehen."

Schmidt bezeichnet mit $\alpha_1\,\alpha_2\,\beta_1\,\beta_2$ constante Zahlen, l ist eine variable Zahl, welche der Wellenlänge der jeweilig zu betrachtenden Strahlengattung direct proportional ist. Und was den Potenzexponenten $-k$ betrifft, so findet Schmidt aus Versuchen am vorteilhaftesten $-k = -\frac{7}{3}$. Er weist alsdann nach, dass die mittelst desselben berechneten Brechungsindices bis auf wenige Einheiten der vierten Decimale mit den beobachteten übereinstimmen. Schmidt drückt auch die Brechungsindices der verschiedenen Spectralfarben in ganz originaler Weise als Functionen der zugehörigen Wellenlängen aus. Mit grossem Fleisse hat er bei den sieben von Fraunhofer selbst untersuchten Glasarten den Nachweis geführt, dass deren Brechungsindices sich ausdrücken lassen durch Gleichungen von der Form:

$$n = a + b \cdot l^{-1} + c \cdot l^{-4}$$

wo a, b, c der Glasart eigentümliche Constanten sind, l aber eine der jedesmaligen Wellenlänge proportionale Zahl bedeutet. Er hat ferner die 21 Constanten a, b, c sieben bis elfstellig nach der Methode der kleinsten Quadrate berechnet und hat nachgewiesen, dass, wenn es genügt sich auf einen zweigliedrigen Ausdruck für den Brechungsindex zu beschränken, man nicht etwa das dritte Glied $c \cdot l^{-4}$ einfach weglassen dürfe, sondern dass neue, nach der Methode der kleinsten Quadrate zu berechnenden Constante a', b' und die Form $n = a' + b'l^{-\frac{7}{3}}$ genauere Resultate liefern.

Trotz aller dieser Uebelstände, trotz aller durch Rechnung und Messung nachweisbaren chromatischen Fehler ist gewiss zu verwundern, dass die Instrumente dennoch so vorzügliches leisten, und man ist zu der Einsicht gelangt, dass der Hauptmangel der jetzigen Achromaten in dem secundären Spectrum liegt. Das einzige Mittel um diesem Uebelstande abzuhelfen, besteht darin, das Objectiv nicht aus zwei, sondern aus mehreren, z. B. drei Linsengläsern zusammenzusetzen, und zwar müssen dazu drei verschiedene Glassorten angewendet werden.

Schmidt hat die Berechnung eines solchen dreifachen Objectives durchgeführt. Er giebt den Gläsern die respectiven Dicken:

$$0,001; \quad 0,0056292; \quad 0,0036457$$

und setzt die Zwischenräume gleich Null, da infolge der Krümmungen die Gläser dicht an einander gerückt werden können. Als Masseinheit der Länge gilt die Gesammtbrennweite des dreifachen Objectivs. Als Radien findet er:

$$r_1 = -0,1863941; \quad r_2 = +0,2953946;$$
$$r_3 = +0,2953946; \quad r_4 = -0,3081673;$$
$$r_5 = +2,0622489; \quad r_6 = -0,2627608.$$

Man sieht, da $r_2 = r_3$, dass der Verfasser die Rückfläche der ersten Linse mit der Vorderfläche der zweiten zusammenfallen lässt.

Dreiteilige Objective sind bis jetzt nur von wenigen Technikern, zuerst von Peter Dollond wirklich angefertigt worden. Sie bestanden aus zwei Krongläsern einer und derselben Sorte und einem dazwischen befindlichen Flintglase, jedoch so, dass die zweite und dritte brechende Fläche, und die vierte und fünfte zusammenfielen. Mit der Theorie dieser Linsen haben sich Hansen und Scheibner beschäftigt. Grunert behandelt das dreifache Objectiv mit sechs verschiedenen Krümmungen, aber unter Vernachlässigung der Glasdicken und der Zwischenräume, und setzt endlich die Glasart der ersten und dritten Linse einander gleich. Allein alle diese Objective blieben mit dem secundären Spectrum behaftet, welches man doch durch das dreifache Objectiv beseitigen wollte.

Herrn Prof. Dr. Abbe zu Jena ist es nun im Verein mit Herrn Dr. Schott gelungen zwei Glassorten herzustellen:

Kronglas $n = 1{,}59374$ $\quad \dfrac{\partial N}{\partial n} = 1{,}22473 \quad \dfrac{\partial n}{\partial N} = 0{,}81651,$
Flint $\quad N = 1{,}57737$

wodurch die erhoffte Proportionalität beinahe vollkommen erreicht ist, und nur ein tertiäres Spectrum rückständig bleibt.

Obwohl diese Zahlen eine nur wenig differente Dispersion: $\partial N : \partial n = 1{,}22473 : 1$ zeigen, so ist doch der Umstand besonders günstig, dass, allen bisherigen Erfahrungen entgegen, der Brechungsindex des Flintglases kleiner ist als der des Kronglases, und eben deshalb können diese Glasarten mit Vorteil zu Objectiven verwendet werden, allerdings nur zu dreiteiligen, da sonst die Krümmungen zu gross werden würden. Am besten befindet sich das Flintglas in der Mitte. Ein aus diesen Gläsern construirtes dreigliedriges Objectiv ist gänzlich frei von dem secundären Spectrum.

Bisher haben wir uns nur mit den achromatischen Objectiven beschäftigt, wir wollen uns nun auch zu den achromatischen Ocularen wenden.

Das einfachste Ocular ist die Lupe, d. h. eine Convexlinse. Diese Linse als Ocular angewendet, zerstreut die Strahlen, welche vom Objectiv kommen wieder in ihre Farben, so dass dadurch die Deutlichkeit des vom Objectiv erhaltenen Bildes beeinträchtigt wird. Die Fehler, die man durch Herstellung des aplanatischen Objectivs beseitigt hatte, treten bei Anwendung einer einzigen Linse als Ocular wieder auf, wenn auch in geringerem Grade. Es liegt hier der Gedanke nahe, das Ocular auf dieselbe Weise achromatisch zu machen, wie das Objectiv, indem man es aus zwei Linsen zusammensetzt. Beachten wir aber, dass bei einem achromatischen Objectiv die inneren Krümmungshalbmesser der beiden Linsen viel kleiner als die Brennweite des Objectivs sind, so ist klar, dass die Krümmungshalbmesser der das Ocular zusammensetzenden Linsen so klein sein müssten, dass dieselben nur eine kleine Oeffnung, also nur ein sehr kleines Gesichtsfeld geben. Man sieht sich daher genötigt, hier andere Wege einzuschlagen. Die beiden bei einem einfachen Oculare auftretenden Fehler der sphärischen und chromatischen Aberration lassen sich auf zwei Weisen aufheben, und zwar entweder durch passende Zusammenstellung einzelner Linsen oder durch zusammengesetzte Oculare. Die sphärische Aberration lässt sich durch Anwendung planconvexer Linsen beseitigen, oder auch dadurch, dass man die Brechung des einfachen Oculars auf zwei oder mehrere Linsen verteilt; giebt man ferner diesen Linsen noch passende Entfernungen von einander, so ist auch zugleich die chromatische Aberration aufgehoben. Wir wollen uns nun vergegenwärtigen auf welche Weise die Beseitigung der sphärischen Aberration durch Teilung der Brechung erreicht wird.

Als Mass für die Vergrösserung wird gewöhnlich der Sehwinkel angenommen, unter welchem uns das durch die Ocularlinse vergrösserte Bild erscheint, und der sinus dieses Winkels ist die halbe Apertur der Ocularlinse. Beachtet man nun, dass der Halbmesser der Abweichungskreise proportional der 3. Potenz der halben Apertur ist, so folgt, dass dieser auch proportional der 3. Potenz des sinus des Sehwinkels ist. Setzt man ferner, was erlaubt ist, statt des sinus den Winkel, so hat man den Satz, dass der Halbmesser des Abweichungskreises sich verhält wie die 3. Potenz des Sehwinkels. Will man nun dieselbe Vergrösserung bei einer zweifachen Brechung hervorbringen, so ist die Grösse der Abweichung gleich der Summe der Abweichungen, welche diese beiden Linsen hervorbringen oder, was dasselbe ist, gleich der Summe der zur 3. Potenz erhobenen beiden Winkel. Man erhält also den Satz: Es verhält sich die Abweichung bei einer einzigen Linse, zu der bei zwei Linsen, wie die 3. Potenz der Summe beider Winkel zu der Summe der 3. Potenzen jedes der beiden Winkel. Bezeichnet man die Abweichung bei einer Linse mit A_1, bei 2 Linsen mit A_2 und die beiden Winkel mit w_1 und w_2, so ist:

$$A_1 : A_2 = (w_1 + w_2)^3 : (w_1^3 + w_2^3).$$

Nehmen wir an, dass $(w_1 + w_2) = 1$ und $w_1 = w_2 = \frac{1}{2}$ ist, so folgt:

$$A_1 : A_2 = 1 : \frac{1}{4}$$

d. h. die Abweichung bei einer Linse verhält sich zu der bei zwei wie $1 : \frac{1}{4}$. Durch Verteilung der Brechung auf zwei Linsen wird also die Abweichung bis auf den 4. Teil der durch eine Linse erzeugten herabgesetzt. Bei 3 Linsen hätten wir:

$$A_1 : A_3 = (w_1 + w_2 + w_3)^3 : (w_1{}^3 + w_2{}^3 + w_3{}^3).$$

Ist wieder: $w_1 + w_2 + w_3 = 1$, $w_1 = w_2 = w_3 = \dfrac{1}{3}$, so ist

$$A_1 : A_3 = 1 : \frac{1}{9},$$

d. h. es verhält sich bei gleicher Vergrösserung die Abweichung bei einer Linse zu der bei 3 Linsen wie $1 : \dfrac{1}{9}$. Durch Anwendung von 4 Gläsern erhält man bei derselben Vergrösserung eine Verminderung der Abweichung auf $\dfrac{1}{16}$ derjenigen einer Linse. Daraus ergiebt sich also der Satz: „Die Verminderung der sphärischen Abweichung ist stets proportional dem Quadrate der Anzahl der angewendeten Linsen.“

Man könnte daraus nun den Schluss ziehen, dass durch immer häufigere Brechung, d. h. durch Anwendung von immer mehr Linsen die sphärische Aberration völlig zu beseitigen sei, allein die Fehler der Gläser, die Zurückwerfung des Lichtes etc. setzen diesen Versuchen von selbst eine Grenze, und als das am meisten zusammengesetzte Ocular wendet man jetzt nur noch das vierfache an. Die Linsen sind in diesem planconvex und so angeordnet, dass ihre Abweichung sich zu der der doppelt convexen Linse nahe wie $1 : 1{,}5$ verhält. Die Abweichung ist also hier $16 \cdot 1{,}5 = 24$ mal so gering als bei einer einzigen biconvexen Linse, so dass der Fehler der sphärischen Aberration durch ein solches System für so gut als aufgehoben bezeichnet werden kann. Wir hatten schon angegeben, dass durch passende Stellung der Linsen auch die chromatische Aberration sich aufheben lasse; wir wollen nun sehen wie dies möglich ist.

Es sei *CDE* die Fernrohraxe. Ausserhalb derselben befindet sich ein Punkt *S* des zu betrachtenden Objectes und *ST* sei ein von diesem Punkte kommender Strahl, der durch die Mitte des Objectivs gehe, also ein Hauptstrahl ist. Dieser fällt auf das achromatische Objectiv und fällt dann ohne in seine Farben zerlegt zu werden auf das Ocular *D*. Hier aber wird er zerlegt und der rote Strahl geht in der Richtung *TR*, der violette in der Richtung *TV* weiter. Fallen aber die durch *D* gehenden Strahlen, bevor sie sich vereinigen können, noch auf die Linse *E*, so trifft der rote Strahl in *m*, der violette in *n* auf. Der rote Strahl fällt also auf einen Punkt der Linse der weiter von der Axe entfernt ist als der Punkt *n*, und wie wir früher sahen, ist hier die Brechung grösser als bei einem der Axe näher liegenden Punkte *n*. Dieser Strahl wird also nun so gebrochen, als wenn er eine Brechbarkeit gleich der des violetten Strahles hätte, so dass nun die Strahlen *Tm* und *Tn* parallel austreten in der Richtung *mr* und *nv*. Da nun die chromatische Abweichung stets proportional ist dem Winkel, den die Strahlen *mr* und *nv* mit einander bilden, in unserm Falle aber beide Strahlen parallel sind, so ist also die chromatische Aberration aufgehoben. Man sieht also, dass dazu die Entfernung der beiden Linsen in einem gewissen Verhältnis zu ihren Brennweiten genommen werden muss. Wäre z. B. die Entfernung der beiden Linsen eine grössere, so würden die Punkte *m* und *n* weiter auseinanderfallen, so dass auch der Unterschied in der Brechung grösser wird als der Unterschied der Brechung durch die verschiedene Brechbarkeit. Dadurch aber werden die Strahlen nicht parallel, sondern convergirend austreten, so dass die Farbenzerstreuung nicht aufgehoben ist. Dasselbe findet statt, wenn die Entfernung der beiden Linsen zu klein ist, nur dass hier die Strahlen divergirend austreten.

Eine äusserst elegante Methode zur Bestimmung des chromatischen Abweichungskreises ist vor kurzer Zeit von Prof.

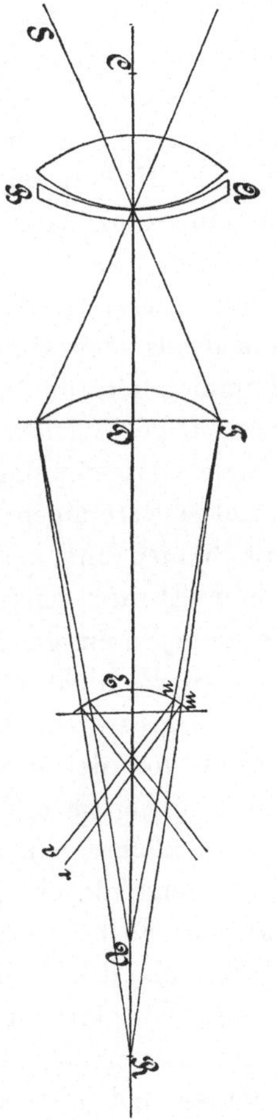

Vogel gegeben worden, die ich hier wörtlich im Auszuge mitteilen will.

Stellt man das Okular eines auf einen Stern gerichteten astronomischen Fernrohrs so ein, dass der Stern ein möglichst kleines Bild zeigt, und bringt hinter dem Okular einen Prismensatz mit gerader Durchsicht an, so wird das Sternbild in ein Spectrum ausgezogen, welches durchaus nicht linear ist, sondern in den meisten Fällen eine Figur zeigen wird wie Fig. I. Nur die intensivsten Teile des Spectrums sind nahezu in eine Linie zusammengedrängt, während das Spectrum sich besonders nach dem blauen Ende stark verbreitert. Die Ursache dieser Erscheinung liegt in dem unvollkommenen Achromatismus des Objectivs. Bei der Einstellung des Okulars kommen nur die Strahlen, welche den stärksten Eindruck auf das Auge machen (Rot, Gelb und Grün), und welche bei einem gut achromatisirten Objectiv sich nahezu in einem Punkte vereinigen in Betracht, dort vereinigen sich jedoch die blauen und violetten Strahlen nicht. Letztere werden in einer Ebene, senkrecht auf der optischen Axe des Fernrohrs in dem Vereinigungspunkte der intensivsten Strahlen gedacht, den Stern nicht punktartig, sondern als ein Scheibchen von um so grösserem Durchmesser darstellen, je weiter ihr Schnittpunkt von der erwähnten Ebene absteht. Der Durchmesser dieser Scheibchen, der sogenannten chromatischen Abweichungskreise könnte nun aus der erwähnten Figur, welche das Spectrum zeigt, durch direkte Messung mit Hilfe eines Mikrometers für jede Farbe gefunden werden, denn offenbar entspricht das Verhältnis der Breite des Spectrums in einer Farbe zu der Breite desselben in einer anderen Farbe dem Verhältnis der Durchmesser der Abweichungskreise für diese Farben. Viel leichter und sicherer erreicht man jedoch den Zweck, wenn man das Okular mit dem daran befestigten Prismenkörper in der optischen Axe verschiebt. Bei der kleinsten Veränderung der Okulareinstellung ändert sich die Figur des Spectrums; man bemerkt eine Einschnürung, welche bei den meisten achromatischen Objectiven sich nach dem Violett verschieben wird, wenn man das Okular weiter herausbewegt. Die Erscheinung erfolgt da, wo sich die betreffenden Strahlen in einem Punkte schneiden, man braucht daher nur die Verschiebung des Okulars mittelst einer am Auszugsrohr angebrachten Teilung zu messen, welche nötig ist, um den Einschnürungspunkt im Spectrum von Blau nach Violett zu verlegen, um sofort die Entfernung der Vereinigungspunkte der blauen und violetten Strahlen und somit auch, durch eine leichte Rechnung die Grösse der Abweichungskreise zu haben. Wählt man zur Untersuchung einen hellen weissen Stern so sieht man in dem verbreiterten Teile des Spectrums deutlich die breiten dunklen Wasserstofflinien, welche direkt benutzt werden können, um für ganz bestimmte Stellen des Spectrums die Lage der Brennpunkte und die Grösse der Abweichungskreise zu finden. Eine Darstellung der Erscheinung in dem hiesigen Berliner Refraktor von 298 mm Oeffnung von Schröder in Hamburg ist in den

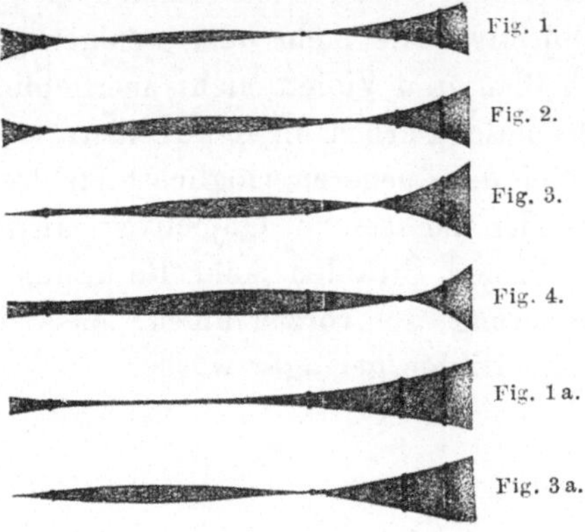

Figuren 1—4 gegeben. Fig. 1 zeigt die Form des Spectrums, wenn das Okular auf die intensivsten Strahlen des Spectrums (Gelb), Fig. 2 wenn dasselbe auf rote Strahlen von der Wellenlänge H_α eingestellt ist. Es findet dann eine zweite Einschnürung im Blau zwischen den Wasserstofflinien H_β und H_γ statt, diese violetten Strahlen haben also mit H_α einen gemeinsamen Vereinigungspunkt. Fig. 3 giebt die Form des

Spectrums, wenn auf den Vereinigungspunkt der äussersten roten Strahlen eingestellt ist, die zweite Einschnürung im Violett ist in dem Falle mehr nach H_γ gerückt. Endlich ist Fig. 4 eine Darstellung des Spectrums, wenn auf den Vereinigungspunkt der Strahlen von der Wellenlänge H_γ eingestellt wurde. Zum Vergleich sind noch die Figuren 1a und 3a beigefügt, welche die Erscheinung im Berliner Refraktor von Fraunhofer darstellen. Man sieht daraus wie die Methode geeignet ist, mit einem Blicke die Verschiedenheit in der Achromatisirung zweier Objective zu erkennen. Während Fraunhofer bemüht gewesen ist, die roten, grünen und gelben Strahlen möglichst zu vereinigen, und auf die blauen und violetten Strahlen weniger Rücksicht genommen hat, hat Schröder die äussersten roten Strahlen ausser Acht gelassen und vereinigt mehr die Strahlen mittlerer Brechbarkeit. Es dürfte diese Verschiedenheit wohl keine zufällige sein, sondern eine aus praktischen Gründen zu erklärende. Da die Fraunhoferschen Objective alle mehr oder weniger grünlich gefärbt sind, dennoch Blau und Violett nicht unerheblich absorbieren, machten sich diese Farben in den Bildern weniger störend bemerkbar. Bei den neueren möglichst farblosen Glassorten, wie sie Schröder zu seinen Objectiven anwendet, war es geboten, den blauen Strahlen mehr Rechnung zu tragen und die Achromatisirung so vorzunehmen, dass ihr schädlicher Einfluss auf die Bilder geringer würde.

Anhang.

Seite 26. (28. Dezember 1608.)

„Le porteur, qui s'en retourne en France, est un soldat de Sedan, lequel a servi quelque temps en la Compagnie de Monsieur le Prince Maurice. Il a plusieurs inventions pour la guerre, et sait faire cette forme de lunettes, trouvées de nouveau en ce pays par un lunetier de Middelbourg, avec lesquelles on voit de fort loin. Les Etats en ont commandé deux pour votre Majesté à l'ouvrier qui en est l'inventeur.

Nous n'eussions point emprunté leur faveur pour en avoir, si l'ouvrier en eut voulu faire à notre prière: mais il l'a refusé, nous disant, avoir reçu commandement exprès des Etats de n'en faire pour qui que ce soit: nous les lui envoyerons à la première commodité: et néanmoins ce soldat les fait aussi bien que l'autre, ainsi qu'on le connait par l'essai qu'il en a fait: aussi n'y a-t-il pas grande difficulté d'imiter cette première invention. Nous prions Dieu etc.“

P. Jeannin, Russy.

Jeanin schrieb an demselben Tage an Sully:

„Le porteur de cette lettre est un soldat de Sedan, lequel est de la Compagnie de Monsieur le Prince Maurice, tenu fort ingénieux en plusieurs inventions et artifices pour la guerre. Il a aussi depuis peu de jours, fait un engin à l'imitation de celui qui a été inventé par un Lunetier de Middelbourg pour voir de fort loing. Il vous le fera voir, et en fera à l'usage de votre vue. J'avais prié le premier inventeur de m'en faire deux, l'un pour le Roi, l'autre pour vous: mais les Etats lui ont défendu d'en faire pour qui que ce soit. Ils les lui ont commandé eux mêmes pour me les donner, afin que je vous les envoye, comme je le ferai au premier jour.“

Die Antwort des Königs vom 8. Januar 1609 lautete:

„J'aurai plaisir de voir les lunettes dont votre lettre fait mention, encore que j'aie à présent plus grand besoin de celles qui aident à voir de près que de loin.“

8

Seite 29: Im Nuncius sidereus heisst es wörtlich:

„Mensibus abhinc decem fere rumor ad aures nostros increbuit, fuisse a quodam Belga perspicillum elaboratum, cujus beneficio objecta visibilia, licet ab oculo inspicientis longe dissita, uti propinqua distincte cernebantur: ac hujus profecto admirabilis effectus nonnullae experientiae circumferebantur, quibus fidem alii praebebant negabant alii. Idem paucos post dies mihi per literas a nobili Gallo Jacobo Badovere ex Lutetia confirmatum est: quod tandem in causa fuit, ut ad rationes inquirendas, nec non media excogitanda, per quae ad consimilis Organi inventionem devenirem, me totum converterem; quam paulo post doctrinae de refractionibus innixus assequutus sum: ac tubum primo plumbeum mihi paravi, in cujus extremitatibus vitrea duo perspicilla ambo ex altera parte plana; ex altera vero, unum sphaerice convexum, alterum vero cavum, aptavi; oculum deinde ad cavum admovens objecta satis magna et propinqua intuitus sum, triplo enim viciniora, noncupla vero majora apparebant, quam dum sola naturali acie spectarentur. Alium postmodum exactiorem mihi elaboravi, quae objecta plusquam sexagies majora repraesentabat. Tandem labori nullo nullisque sumptibus parcens, eo a me deventum est, ut Organum mihi construxerim adeo exellens, ut res per ipsum visae millies fere majores appareant, ac plusquam inter decupla ratione viciniores, quam si naturali tantum facultate spectentur."

Sirturus sagt in seiner Schrift: „De Telescopio" pg. 27:

„In patriam redux — Romam concessi — aderat Galileus cum suo nunquam intermorituro Telescopio-Forte quadam die Fredericus Princeps Casurus (Cesi) Marchio Monticellorum, vir eruditus, litterarum Maecenas, invitaverat illum ad coenam in vinea qui dicitur Malvasia, ac praeterea nonnullos alios literatos. Ante occasum solis cum eo pervenissent, coeperunt Telescopio perspectare inscriptionem Sixti V Pontif. in superiori januae Lateranensio, quae distat uno ferme milliario: successi ego, vidi, ad satietatem legi inscriptionem. Noctu deinde et post coenam Jovem et comitantium satellitum motus observavimus; ubi satis recreati tanti luminis aspectu, atque rei curiositate, secesserunt telescopium scrutari, et ipse Galileus, ut curiositati satisfaceret, eduxit lentem, et cavum specillum ut palam ostendit. Ego interim tubum scrutatus atque dimensus lentem quoque deinde tractavi et consideravi, adeo ut possim et fide et arte, atque experientia referre qualis sis. Id unum mihi deerat, exacta proportio lentis et cavi ut integram possiderem artem."

Seite 33:

„Altissimum Planetam, Tergeminum observavi. Questo e che Saturno con mio grand^{ma} ammiratione ho osservato non essere una stella sola, matre insieme, le quale quasi si toccano: sona tra di loro total mente immobili, et constituite in queste guisa oOo. Quella di mezzo e assai piu grande delle laterali: sono situate una da oriente, et l'altra da occidente, nella med^{ma} linea retta a Capello: non sono giustamente secundo la drittura del Zodiaco, ma la occidentale si eleva aliquanto verso Borea; forse sono parallele all' Equinotiale. Se si riguarderano con un' Occhiale che non sia di grand^{ma} multiplicazione, non appariranno 3 stelle ben distinte, ma parra che Saturno sia una stella lunghetta in forma di una uliva, cosi' ⊂⊃. Ma servandosi di un' Occhiale che multiplichi piu di mille volte in superficie, si vedranno li 3 globi distintissime, et che quasi si toccano, non apparendo tre essi maggior divisione di un sottil filo oscuro. Hor' ecco trovata la corte a Giove, et due servi a questo vecchio, che l'ajutano a camminare, ne mai se gli staccano dal fianco."

Zu Seite 40. Die Documente aus den Acten der General-Staaten lauten wörtlich:

„Aan de Edel Mogende Heeren, de Heeren Staten Generaal der Vereenigde Nederlanden.

Verthoont met behoorlycke eerbiedinge ende reverentie, Jacob Adriaanszoon, zoon van Mr. Adriaan Anthonissoon Oudt Borghemeester der Steede Alckmaer, Uw E. Mog. onderdanigst dienaar, hoe dat hy Suppliant, omtrent een tyde van twee jaren bezig geweest zynde, om die tyden die hem van zyn handwerk ende principale beroepinghe mogten overigh zyn, te employeeren in't naazoeken van enige andre zo moght gebragt zyn geweest, gekomen is in ondervindinge, dat by middel van zeeker instrument, 't welk hy suppliant tot een ander eynde ofte intentie, onderhanden was hebbende, 't gesigt van den ghenen die 't zelve was gebruykende konde uitstrekken, in zulker voegen, dat men daarmede zeer bescheidelyk dingen konde zien die men anders, mids de distantie ende verheydt der plaatsen, niet of gansch duister ende zonder kennisse ofte bescheiden zoude kunnen zien, 't welk hy suppliant vermerkende, heeft hem principaalyck naar dier tydt geoeffent, omme 't zelve nog te verbeeteren, ende eindelyk zoo verre gebragt, dat men met zyn Instrument een dingh zoo verre kan zien, ende klaar bekennen, als met het instrument U. E. D. Mog. anlangs verthoont by een borgher en brillemaker van Middelburg, volgende het oordeel selve van Zyne Excellentie en anderen, die de respective instrumenten tegens malkanderen hebben geproeft. Niet tegenstaande syns Suppliants Instrument meest en is gemaakt van zeer slechte stoffen, ende alleen tot een proeve, 't welk hy Suppliant niet en twyffelt of er soude met verbeteren van de machine, ook in 't gebruick seer gebetert worden, behalven dat hy meede gelooft ende verhoopt met ter tydt de voorsz. inventie in zich zelfs zoo te verbeteren dat daar nog meerder dienst en vrugten te verwagten zullen zyn, dan alzoo hy Suppl. beducht is dat midderlertydt iemand hem zoude mogen onderwinden de voorschrewen zyne instrumenten na te maaken ofte zo imiteren, bouwende op de fundamenten die den Suppl. met zyn vernunft, groten arbeyd en hoofdbrekingen (door gods zegeninge) geleyd heeft, ende hem Suppl. daar mede zoude frustreren ende beroven van de vrugten die hy met regt en goede assurantie daar van te verwagten heeft, soo keert hy Suppl. hem tot Uw. Ed. Mog. ootmoedelyck verzoekende dat dezelve gelieven hem Suppliant te vergunnen Octroy, daar by eenen iegelyck de voorsz. inventie voor desen niet gehad, ofte in 't werk gestelt hebbende, verboden wordt de voorsz. instrumenten in 't geheel of ten deele naa te maken, of die by zodanige onvrye personen gemaakt zoude mogten zyn, te kopen ofte verkopen, sonder expres consentment van hem Suppliant, of verbeurte van dezelve instrumenten en daarenboven nog van eene somma van honderd Carol. guld. van 40 grooten in 't stuk, op elck instrument contrarie dezes gemaakt, gecoft of vercoft, ende dat voor den tyd van 22 jaren. Ofte anderzins hem Suppl. in aanzien van de nutheydt, ende dienste van de voorsz. inventie voor 't gemeene Vaderland toeteleggen alzulke vereeringe als Uw. Ed. Mog. naar haare gewoonlyke goedertierenheyd ende discretie bevinden sullen te behooren, 't welk doende etc.

In margine stondt.

Den Suppl. werdt vermaant voorder te onderzoeken, omme zyne inventie te brengen tot meerder perfecti. Ende zal alsdan op zyn verzogte Octroy gedisponeerd worden naar behoren.

Actum 17. October 1608.   Onderstondt.

Getd.   Aersen.   1608.

Naar gedane collatie is deze beneffens de origineele Requeste met zyn Apostille getekent als boven, van woorde tot woorde accordeerende bevonden.

In Alckmaer den 8. Nov. 1677.

Quod attestor.

Joh. H. Milius.   1677.

Veneris XVII October 1608.

Is Jakob Adriaans, zoon van Mr. Adriaan Anthonysz. oud burgemeester der Stadt van Alckmaer versoeckende Octroy van syne inventie, om het gesicht verre te doen uitstrekken, in sulcker voege dat men daar mede seer bescheydenlyck dingen sal kunnen sien, dewelcke anders mits de distantie, nyet of gansch duysterlyck souden kunnen gesien worden, is geresolveert ende goetgevonden, dat men den Suppl. zal vermanen voorders noch te arbeiden om syne inventie tot meerder perfectie te brengen, als wanneer op syn verzoek om Octroy gedisponeert zal worden naar behoren.

Jovis den 2 Octobris 1608.

Op de Requeste van Hans Lippershey geboortig van Wezel, wonende tot Middelburg, brilmaker, gevonden hebbende zeker instrument om verre te sien, gelyk de Heeren Staten gebleken is, versoekende nederlyk 't zelve instrument niet en wert gedivulgeert, dat hem gegunt zoude worden Octrooy voor den tyd van dertig jaren, daar by een ygelyck verboden zoude worden 't voorschreven werk ofte instrument naer te maeken, ofte anderzins hem te accorderen een jaarlykse pension om het voorz. werk alleen te maeken om ten dienst van den Lande gebruikt te worden, zonder aan enige uitlandsche Koningen, Vorsten of Potentaten te mogen verkoopen; Is goedgevonden dat men enige uit deze vergadering zal committeren, omme metten suppliant over zyne inventie te communiceren, ende van denzelven te verstaan of hy dat niet zoude kunnen verbeteren, zulks dat men daardoor met twee oogen, soude kunnen zien, ende van denzelven te verstaan waarmede hy te contenteren zoude zyn. Om het Rapport daarvan gehoord, te advyseren, ende geresolveert te worden, of men den suppliant een tractement of het verzogte Octrooy zal hebben te accorderen.

Sabathi den iiij Octobris 1608.

Is goedgevonden dat boven de communicatie de tweeden dezer gehouden met Hans Lippershey, geboortig van Wezel, gevonden hebbende het Instrument, omme verre te sien noch uit elcke Provincie een sal committeren, omme het voorsz. instrument te examineren ende te proeven op en toren van Zijn Excelt. quartier, of de inventie ende het werck sulcks is dat men daer van zoude geraecken de vrugten te trecken die men meent en in zulke gevallen met den inventeur te handelen dat hy anneme binnen 't jaar te maken drye sulcke instrumenten van het christael de roche (daer voor hy vraegt van elck stuck duysend Guldens) dat hy zyne eysch mindere, onder beloften dat hy syne inventie nyemand anders t'eenigen dagen en zal overgeven.

Lunae vi Octobris 1608.

De Heeren Gedeputeerden van de Provincien ondersogt hebbende nader, het Instrument geinventeert by Johan Lipperhey, Brilmaker, ende met derzelven gecommuniceerd, rapporteeren, dat sy 't voorsz. instrument nader apparentelyck bevonden den lande dienstelyck te zullen vallen, den voorsz. inventeur gheboden hebben voor een instrument by hem te maken van Christael de roche voor het land drie honderd Guldens gereet, ende ses hondert Guldens als hetzelve volmaakt ende goedbevonden zal zyn. Is goedgevonden ende geresolveerd dat men de voorsz. Heeren Gedeputeerden zal authoriseren, zoo als dezelve geauthoriseerd worden mits dezen, van met voorsz. Lipperhey absolutelyck over het maken van voorsz. Instrument te handelen; ende denzelven eenen tydt te limiteren binnen denwelken hy gehouden zal zyn 't voorsz. Instr. goet ende welgemaakt te leveren; mits dat de Heeren Staaten alsdan oock sullen resolveren ofte den Suppliant te accorderen het verzocht Octrooy of toeteleggen een jaarlyks tractement, dus dat hy zal beloven geen sulcken instrumenten meer te maaken zonder consent van de Heeren Staaten.

Jovis XI Decembris 1608.

Is gelesen de requeste van Hans Lipperhey, Brilmaeker ende Inventeur van seker instrument om verre te zien, maar niet eintelyk gerosolveert dan dat eenige zyn gecommitteert om nader over 't voorsz. inventie metten Suppliant te spreken, te weten de Heeren van Dorth, Magnus ende van der Aa.

Lunae 15 December 1608.

De Heeren Magnus, ende Oemans in de absentie van de Heeren van der Aa ende Boeles rapporteren dat sy gevisiteerd hebbende

het instrument by den brilmaeker Lipperhey geinventeerd omme
met twee oogen verre te zien, 't zelve goet hebben gevonden ende
mitsdien geproponeert zynde of men den voorn. Lipperhey zal
accorderen syn verzogt Octrooy, omme voor zekeren tyd 't voorzs.
instr. alleen te mogen maeken en hem te betalen de resterende zes-
honderd Guldens die hem voor het voorzs. instr. beloofd zyn. Is
verstaan ende geresolveert, nademal het blykt dat verscheide anderen deze wetenschap hebben van voorsz. inventie, om verre te sien,
dat men het voorsz. verzogte Octrooy den Suppliant sal afslaan,
maar dat men hem sal lasten binnen sekeren korten tyd, nog twee
instrumenten van zyn inventie, om met twee oogen te sien, te
maeken, ende de Heeren Staaten te leveren voor denselven prys
die hem toegesegt is, ende dat men hem daar voor sal geven Ordonnantie van drye honderd Guldens, ende van de drye honderd
resterende Guldens als de voorsz. twee instrumenten als voren ge-
maekt ende geleverd zullen zyn.

Veneris xiii February 1609.

Hans Lipperhey brilmaeker heeft geleverd de twee instrumenten, omme verre te zien, die hem gelast zyn te maeken, Ende is
mitsdien geaccordeerd dat men hem sal depecheren Ordonnantie
van de drye honderd, die hem alsnog restiren van de negenhondert
Guldens die hem voor drye van de voorsz. instrumenten beloofd zyn.

Geschichte der Spiegelteleskope.

Eine Reihe von Nachrichten weist darauf hin, dass die Erfindung der Spiegeltelescope einer älteren Zeit angehört, als die der Fernröhre, obwohl man in vielen Büchern der Meinung begegnet, dass sie erst nach der Erfindung derselben construirt worden seien, und insonderheit der Newton'schen Ansicht, dass die Achromasie der Linsen nicht zu erreichen sei, ihren Ursprung verdankten. Diese letztere Ansicht ist indessen falsch, wie dies daraus hervorgeht, dass man schon frühzeitig eine grosse Fertigkeit und Geschicklichkeit in der Herstellung der Hohlspiegel aus Metall erlangt hatte. Es ist bekannt, dass man die Erfindung und Anwendung der Spiegel schon dem Archimedes zuschreibt, der bei der Belagerung von Syracus die feindlichen Schiffe damit in Brand gesetzt habe. Allein es ist diese Nachricht sehr zu bezweifeln, da sich in den Nachrichten jener Zeiten grosse Uebertreibungen bemerklich machen. In dem „Hippias" des Lukianos und bei Galenos finden wir zuerst die Mitteilung, dass Archimedes die römische Flotte in Brand gesteckt habe. Beide reden von „pyria", d. h. Zündstoff, den Archimedes auf die römischen Schiffe geschleudert habe, und nur Galenos spricht davon in einer Weise, welche die Vermutung von Hohlspiegeln aufkommen lässt. Berichte über die Belagerung von Syracus finden wir bei Polybios, Plutarch und Livius. Der erstere ist wenige Jahre nach der Zerstörung von Syracus geboren, also zu einer Zeit, wo die Erinnerung daran noch eine sehr lebhafte sein musste. Allein er erwähnt an keiner Stelle etwas davon, dass Archimedes die Schiffe angezündet habe, und dies noch dazu vermittelst der Hohlspiegel. Wäre dies der Fall gewesen, so hätte man gewiss zu seiner Zeit noch mit Bewunderung davon gesprochen, und auch er würde es in seinen Werken sicher erwähnt haben. Allein man findet nichts. So erweckt dieses Schweigen eines, wie man sagen kann, Zeitgenossen der Zerstörung von Syracus gerechtes Misstrauen gegen die Mitteilungen von Lukianos und Galenos, welche vier Jahrhunderte später lebten. Die erste ausdrückliche Erwähnung von Hohlspiegeln findet sich bei Anthemios, der im 6. Jahrhundert unter dem Kaiser Justinian I. lebte. In seinem Werke: „Mechanische Paradoxen" erklärt er es für unmöglich, dass man auf eine grössere Distanz als Bogenschussweite vermittelst der Hohlspiegel noch zünden könne, und wenn Archimedes dies gethan habe, so müsse er sich einer Combination ebener Spiegel dazu bedient haben. Er beschreibt darin auch ganz ausführlich eine solche Combination und giebt die Zahl der dazu nötigen Spiegel durch Rechnung an. Zonaras aus dem 12. Jahrhundert erzählt, Archimedes habe die Schiffe der Römer dadurch in Brand gesteckt, dass er „Spiegel gegen die Sonne hielt und mit diesen die Strahlen auffing, vermöge ihrer Dichtigkeit und ihrer Glätte entzündeten diese die Luft, wodurch eine grosse Hitze entstand, welche auf die Schiffe geworfen, diese entzündete". Er erzählt ferner, dass Proklos, der unter Anastasios (491—518) lebte, bei der Belagerung von Konstantinopel die Flotte des Vitalianus auch mittelst Hohlspiegel verbrannt hätte. Er habe, ähnlich wie Archimedes, die Spiegel an die Stadtmauer den Schiffen gegenüber aufgehängt. Als nun die Sonnenstrahlen auf den Spiegel fielen, schoss ein Lichtstrahl wie ein Blitz heraus und entzündete die feindlichen Schiffe.

Den besten Beweis dafür, dass Archimedes die Hohlspiegel nicht angewendet hat, giebt uns das Schweigen der zeitgenössischen Schriftsteller; das, was uns spätere Schriftsteller darüber bringen, ist wertlos und blosse Erdichtung, um den Ruhm des Archimedes noch zu erhöhen. Allein

Archimedes bedarf solcher Erdichtungen nicht, er hat für seine Zeit so Grosses und Bewunderungswürdiges geleistet, dass diese Leistungen voll den Ruhm begründen.

Ferner findet sich z. B. in dem Werke Porta's, „natürliche Magie“, dass auf dem Leuchtturm von Alexandrien durch den König Ptolemaeus Euergetes ein grosser Spiegel aufgestellt worden sei, vermittelst dessen man die feindlichen Schiffe auf 600 000 Schritt habe beobachten können. Eine muselmännische Sage geht sogar so weit, zu sagen, dass man damit die Schiffe aus den Häfen Griechenlands habe auslaufen gesehen. Auch Roger Baco hält die Glaubhaftigkeit der Nachricht aufrecht, dass Caesar bei der Eroberung Englands auf der Küste Frankreichs grosse Spiegel aufgestellt habe, um damit die Lage der Städte und die Stellung des Feindes beobachten zu können. Hierbei hat sich indess ein Missverständnis bemerkbar gemacht, wie Robert Smith zuerst gezeigt hat, indem man speculae = Warten mit specula = Spiegel verwechselte. Nach den Angaben des Römers Seneca muss man schon zu dessen Zeiten eine bedeutende Kunst im Schleifen der Spiegel besessen haben, denn er kennt Spiegel, welche einen Gegenstand ins Unglaubliche vergrössern oder verkleinern, ihn in die Länge oder Breite verzerren, ihn vervielfältigen. Vitello empfiehlt schon im 13. Jahrhundert die Anwendung der parabolischen Brennspiegel. Bei der Geschichte des Fernrohrs haben wir schon Gelegenheit gehabt, darauf hinzuweisen, welche Ansprüche für Roger Baco als Erfinder des Fernrohres erhoben worden. Nach einer Stelle auf Seite 356—357 könnte man ihn auch als den Erfinder des Spiegelteleskopes ansehen, denn er sagt dort: „Durch die „Reflexion kann ein Gegenstand unzählige Male gesehen wer„den, sowie man nach den Nachrichten des Plinius zugleich „mehrere Sonnen und Monde gesehen hat. Dies erfolgt aber, „wenn die Dünste sich wie ein Spiegel auftürmen und in „verschiedenen solchen Stellungen vorhanden sind. Was aber „die Natur schon bewirken kann, das kann die Kunst, die „Vollenderin der Natur, weit eher zu Stande bringen, wes-

„halb denn auch Spiegel so eingerichtet und gestellt werden
„können, dass ein Gegenstand so oft gesehen wird als wir
„wollen; dass wir also statt eines Menschen mehrere, statt
„eines Heeres mehrere erblicken werden. So könnte man
„zum Vorteil des Vaterlandes oder zum Schrecken der Ketzer
„dergleichen Vorrichtungen treffen; und sollte Jemand gar
„die Luft zu verdichten wissen, so dass sie die Lichtstrahlen
„zurückwerfen kann, so würde man viele dergleichen unge-
„wöhnliche Erscheinungen hervorbringen können. So glaubt
„man, dass die Dämonen den Menschen Lager und Heere
„und vieles Wunderbare zeigen; ja, man könnte mit Hilfe
„der Spiegel das Verborgenste aus entlegenen Orten in
„Städten und Heeren ans Licht bringen, denn der Drachen,
„der Tiere tödtete und Menschen durch seinen Hauch ver-
„giftete, hat der Philosoph Socrates, nach dem Zeugnisse der
„Geschichte, in den Schlupfwinkeln der Berge entdeckt. Auf
„ähnliche Weise könnte man Spiegel auf Anhöhen gegen
„feindliche Städte und Heere aufrichten, so dass man alles,
„was die Feinde thun, in jeder beliebigen Entfernung ent-
„decken könnte.“ Es ist ein vergebliches Bemühen, hieraus
dem Baco die Erfindung der Spiegelteleskope zuschreiben zu
wollen, es ist daraus nichts weiter zu sehen, als die lebhafte Phantasie Bacons.

Die erste Idee eines Spiegelteleskopes findet sich in dem
Werke „Optica philosophica“ des Jesuiten Zucchi*); da aber
die Spiegel, die er bekommen konnte, unvollkommen gear-
beitet waren, so entsprach anfänglich die Erfahrung nicht
seinen Erwartungen, erst später, als er einen sehr gut ge-
arbeiteten Metallspiegel erhielt und diesen auf Gegenstände
am Himmel und auf der Erde richtete und ein Hohlglas ans

---

*) Niccolò Zucchi, geboren am 6. Dez. 1586 zu Parma, gestorben am
21. Mai 1670 zu Rom, war Jesuit, Hofprediger des Papstes Alexander VII.
auch Lehrer am Collegio Romano. Die folgenden Schriften werden angeführt: Nova de machinis philosophia, in qua paralogismis antiquis deletis
explicantur machinarum vires. Paris 1646. — Optica philosophica, 2 vol. 4°.
Lugd. Bat. 1652—1656.

Auge hielt, zeigte sich der Erfolg, den er aus der Theorie erwartet hatte. Er sagt darüber selbst: „Anno 1616, dum „aliqua de theoria tubi optici commentarer, apud me statui, „eundem effectum, qui per refractionem in vitro aliquomodo „convexo, ad objecta converso obtinetur, obtineri posse per „reflexionem a speculo cavo. Tentavi experimentum diu, sed irritu „conatu, ex imperfecta elaboratione hujus modi speculorum, „quos reperire poteram sicut per vitra convexa quae emen-„dandis oculis senum adhibentur, frustra tentavi tubum opti-„cum qualemcunque mihi optare, cum primo de ipso aliquid „inaudivi, quia inaequalitas configurationis, quae in usu per-„spiciliorum consueto minus nocet, in tubo parit confusionem. „Tandem specum ex aere cavum, e musco viri clarissimi „transmissum ad amicum ab experto et accuratissimo artifice „elaboratum, nactus, ejus ope ad terrestria et coelestia con-„versi, adhibito in convenienti situ ad oculum vitro cavo pro-„portionaliter, ut fit ad excipiendam radiationem refractam „vitri convexi in tubo optico expertus sum ita evenire, ut „ratio suadebat eventurum." Bailly behauptet in seinem „Résumé complet de l'astronomie (Paris 1825), dass Zucchi die Flecken am Jupiter zuerst beobachtet habe.

Wenn auch Instrumente dieser Art, ihres kleinen Gesichtsfeldes wegen nicht allgemein in Gebrauch gekommen sind, so muss doch Zucchius, der zuerst durch die Verbindung eines Spiegels mit einem Glase ein Fernrohr zu Stande brachte, der Erfinder des Spiegel-Teleskopes genannt werden.

Etwa 20 Jahre später gab Mersenne*) eine andere Einrichtung des Spiegelteleskopes an. Er bringt zwei parobolische Hohlspiegel, einen grösseren und einen kleineren, in Vorschlag, von denen der letztere in der Höhe des Brennpunktes des ersteren stehen soll, um Strahlen, die vom grösseren convergirend auffallen, parallel zu reflectiren, und sie durch eine Oeffnung in diesem Spiegel ins Auge zu senden. Diese Oeff-

*) Marin Mersenne, geb. 1588 zu Soultière bei Bourg d'Oizé (Le Maine), gestorben 1648 zu Paris, gehörte dem Jesuitencollegium von La Flèche an und war daselbst ein College Descartes' gewesen.

nung aber dürfe die Pupille des Auges nicht übersteigen, damit nicht fremdes Licht dem Lichte der Objecte und der Deutlichkeit des Sehens nachteilig werde. Es müsse vielmehr jedes fremde Licht durch eine innwendig schwarze und beide Spiegel umgebende Röhre, und auf jede andere Weise abgehalten werden. Bringe man diese Vorkehrungen in Anwendung, so werde man die Bilder, wenn die concave Oberfläche des grösseren Spiegels 16 mal grösser als die der kleineren ist, 256 mal grösser oder deutlicher und heller sehen. Mersenne scheint diesen Vorschlag aber nicht selbst ausgeführt zu haben, denn sonst hätte er den Spiegeln sicher eine richtigere Stellung angewiesen und würde sich überzeugt haben, dass zur Erreichung des gewünschten Zweckes wenigstens noch ein Glas nötig sei. Wie es scheint haben aber die Einwände Descartes die Schuld, dass Mersenne seinen Gedanken nicht ausführte, denn Descartes versprach sich wenig von diesem Vorschlage.

Da in dem Briefe, in welchem Descartes seine Einwürfe macht, das Datum fehlt, so lässt sich auch die Zeit, in der Mersenne auf diesen Gedanken kam, nicht genau angeben; aus dem Zusammenhange dieses Briefes mit den übrigen geht jedoch hervor, dass er 1638 oder 1639 geschrieben ist, also auch die Idee des Teleskopes in diese Zeit fällt. Descartes machte geltend, dass man sich parabolische Spiegel nur sehr schwer verschaffen könne, ferner, dass durch die Reflexion nicht weniger Licht verloren gehe, als durch die Refraction, und somit der Apparat um nichts vorteilhafter sei, als ein dioptrisches Fernrohr.

Im Jahre 1663 entwarf Jacob Gregory (Mathematiker und Astronom geb. 1638 zu Aberdeen in Schottland, gest. 1675 zu Edinburg) eine bessere Construktion des Spiegelteleskopes, ohne, wie es scheint, den von Mersenne gemachten Vorschlag zu kennen. Man habe bis auf ihn nur 2 optische Instrumente von ausserordentlicher Wirkung, das Teleskop für entfernte, und das Mikroskop für nahe Gegenstände gekannt, er aber finde, dass das Teleskop, abgesehen von der Anzahl und Beschaffenheit der Gläser, dreierlei Art seien, dass es entweder bloss Gläser, oder bloss Spiegel, oder beides zugleich enthalten könne. Die erste Art habe die Eigentümlichkeit, dass man beliebig viele Linsen wählen und das Bild beliebig vergrössern könne, sie habe aber auch den Nachteil, dass das Instrument, bei der Anwendung vieler Linsen, eine unbequeme Länge erhalte, und dass die Helligkeit durch zu viele Gläser zu sehr geschwächt werde. Bei der zweiten Art könne man nur zwei Spiegel anwenden. Als Beispiel aber eines der vorzüglichsten Teleskope beschreibt Gregory folgendes Instrument. Man nehme ein an dem einen Ende offenes Rohr N und bringe an dessen anderem Ende einen parabolischen Metallspiegel a an. Von diesem werden die Strahlen reflectirt und fallen auf einen kleinen elliptischen Spiegel b, dessen Brennpunkt ein wenig ausserhalb der Brennweite des parabolischen liegt. Der grössere Spiegel giebt ein verkehrtes Bild des entfernten Gegenstandes, welches sich ausserhalb der Brennweite des elliptischen Sgiegels befindet. Dieser nun wirft das Bild aufrecht und vergrössert gegen die Mitte des parabolischen Spiegels zurück. Hier befindet sich nun eine Oeffnung, durch welche die Strahlen, welche das aufrechte Bild d geben, hindurchgehen. Eine Linse e, welche sich hier befindet, dient dazu das Bild zu betrachten und zu vergrössern. Der elliptische Spiegel ist beweglich und kann mittelst der Führung f längs der Axe des Rohres verschoben werden, um ein scharfes aufrechtes Bild zu erhalten, da die Entfernung des Gegenstandes Einfluss auf den Ort des verkehrten Bildes hat. Ein so eingerichtetes Instrument werde Weitsichtigen treffliche Dienste leisten; entfernte Gegenstände würden ihnen beinahe im Verhältnis der Entfernungen der Spiegelscheitel von ihrem gemeinsamen Brennpunkte vergrössert und sehr deutlich erscheinen, die Helligkeit aber werde beinahe der des unbewaffneten Auges gleichkommen, wenn nur der Durchmesser des parabolischen Spiegels gross genug ist, um dem Auge die erforderliche Lichtstärke zu geben. Eine Stelle, die bald hernach folgt, wo Gregory sagt, er selbst sei zu unerfahren in der

Mechanik um Vorkehrungen zum Schleifen solcher parabolischen Spiegel oder nach Kegelschnitten gekrümmter Gläser, wie sie zu diesem reflectirenden Teleskope durchaus nötig seien, angeben zu können, versichere jedoch, dass man vergebens von sphärischen Spiegeln und Gläsern vollkommnere optische Instrumente erwarten dürfe, so wie der beschränkte Gebrauch, den er dem Teleskope nur für Weitsichtige anweist, zeigen offenbar, dass er das Teleskop nie aus Erfahrung gekannt hat. Der Vorschlag Gregory's ist aus dem Jahre 1663 und in seiner Schrift: „Optica promota" giebt er an, dass das Teleskop bereits 1661 von ihm erdacht sei, „but the doctor „being deficient in mechanics never brought it to Perfection, „but proposed it for others to execute. He has also spherical „speculums of Metal, but could not use them for want of „Polish. And thus nothing was done in the Telescope of this „new Invention, till about the year 1666, when Sir Isaac „Newton thought proper to alter a little the construction of „the Gregorian Tube."

Um seine Ideen von einem optischen Künstler ausführen zu lassen kam Gregory 1664· oder 1665 nach London, aber seine Bemühungen scheiterten völlig, obwohl einer der berühmtesten und geschicktesten Männer mit der Ausführung betraut war, so dass sein Teleskop nicht ausgeführt werden konnte. Gregory verlor den Mut, und ging nach Italien, wo er in Padua ein Werk über die Quadratur des Kreises und der Hyperbel veröffentlichte, und wodurch er in einen lebhaften Streit mit Huyghens verwickelt wurde. Aber schon 1668 kehrte er wieder nach England zurück, wo er Mitglied der Royal Society und später Professor der Mathematik zu Edinburg wurde.

Hooke verfasste die von James Gregory verlassene Idee wieder und construirte nach ihr ein Instrument, das er am 5. Febr. 1674 der Royal Society vorlegte. Dies ist das erste wirklich dargestellte Spiegelteleskop mit durchbohrtem Spiegel, und es befand sich in der Durchbohrung statt eines Fernrohrs nur eine Linse. Die Beschreibung des Instrumentes in den

„Philosophical experiments published by W. Derham 1726" giebt aber keine Anhaltspunkte dafür, dass auch die Krümmung der Spiegel eine solche war, wie sie Gregory vorgeschlagen hatte. In die nämliche Zeit fallen auch die Bemühungen Newton's und Cassegrain's Reflexions-Teleskope herzustellen. Es war bekanntlich der verhängnissvolle Irrtum, dass eine Achromasie nicht möglich sei, welcher Newton veranlasste Spiegelteleskope zu verfertigen. Das erste derselben, welches er mit eigener Hand 1668 verfertigte, hatte einen metallenen Auffange-Spiegel, war 6 Zoll lang, hatte einen Durchmesser von 1 Zoll und vergrösserte 30—40 mal. Seine Leistungen waren dieselben wie die eines sechsfüssigen Fernrohrs damaliger Zeit, und das entstehende Bild wurde durch eine von der Seite des Rohres angebrachte planconvexe Linse betrachtet. Die auf den grossen Spiegel fallenden und von dort reflectirten convergirenden Strahlen wurden, noch ehe sie sich vereinigen konnten, von einem kleinen Planspiegel aufgefangen, der gegen die Axe des Rohrs eine Neigung von 45^{0} hatte, so dass er die auffallenden Strahlen nach der Seitenwand in die Linse reflectirte. Die Spiegelmasse bestand aus einer Legirung von Kupfer, Arsenik und Zinn, eine andere Legirung aus Kupfer, Zinn und Silber war zu weich und nicht gut polirbar. Kurze Zeit darauf verfertigte er ein etwas grösseres Instrument, dessen er sich alsdann bei seinen Untersuchungen bediente. Am 11. Januar 1672 legte er sein Instrument der Royal Society vor, und es findet sich noch heute in der Bibliothek derselben mit der Inschrift: „Invented by Sir Isaak Newton and made with his own hands 1671". Eine Abbildung und Beschreibung desselben ist enthalten in den „Phil. Transactions 1672" und in der Lebensbeschreibung Newton's von Brewster. 1678 verband sich Newton mit einem londoner Künstler, um ein vierfüssiges Teleskop mit 150facher Vergrösserung zu construiren, bei dem der grosse Metallspiegel durch einen belegten Glasspiegel, und der kleinere durch ein Glasprisma ersetzt werden sollte. Da man aber nicht im Stande war genügend reines Glas herzustellen, so scheiterte der Versuch. Es ist hierbei zu erwähnen, dass in neuester Zeit dieser Plan von Foucault ausgeführt worden ist. Newton empfiehlt bei diesem Teleskope, dass die Gläser dazu auf einer Seite hohl auf der andern aber erhaben, an allen Stellen gleich dick und auf der erhabenen Seite mit Quecksilber belegt seien. Ein solches Glas a b c d sollte hinten in einer inwendig ganz schwarzen Röhre v x y z befestigt werden. In eben dieser Röhre nach vorn hin in der Mitte ist ein gläsernes oder krystallenes Prisma e f g befindlich, an dessen Grundfläche die von dem Spiegel zurückgeworfenen Strahlen wieder zurückprallen und nach t hin zusammenlaufen, wo der gemeinschaftliche Brennpunkt des Spiegels und einer Planconvexlinse ist, die als Ocular dient. Newton rät ferner, die Strahlen, wenn sie aus dem Okular kommen, durch eine kleines rundes Loch in einer metallenen Platte gehen zu lassen, das nur ebenso gross als nötig ist, um genugsam Licht durchzulassen. Dieses Loch dient dazu die Strahlen, welche von dem Rande des Spiegels herkommen, aufzufangen, und das Bild dadurch deutlicher zu machen. Ein solches Instrument 6 Fuss lang, nämlich vom Spiegel bis zum Prisma und von da bis zu seinem Brennpunkte t, kann, wenn es gut gemacht ist, eine Oeffnung von 6 Zoll am Spiegel vertragen und vergrössert 200—300 mal. Newton sagt, es wird gut sein den Spiegel wenigstens 1—2 Zoll breiter als seine Oeffnung zu machen und das Glas so dick zu nehmen, dass es sich bei der Bearbeitung nicht biege. Das Prisma soll auch nicht dicker sein als nötig ist, und die Grundfläche soll nicht foliirt werden, weil es sich so stellen lässt, dass alle Strahlen von der Grundfläche zurückgeworfen werden, ohne dass dazu Quecksilber nötig ist. Dieses Teleskop, sagt er, stellt den Gegenstand umgekehrt dar, allein man kann das Bild aufrecht machen, wenn die Seitenflächen des Prisma's nicht eben, sondern kugelförmig erhaben sind, damit die Strahlen sich, sowohl ehe sie auf's Prisma fallen, als nachher zwischen demselben und dem Ocular kreuzen.

Ein Teleskop von Newton, das er an die königliche Gesellschaft übersandt hatte ward am 11. Juni 1672 zu Whitehall in Gegenwart des Königs, des Dr. Hooke und vieler anderer Personen untersucht und erhielt soviel Beifall, dass man es für gut fand eine Beschreibung davon, durch den Sekretär der Gesellschaft an Huyghens, der sich damals zu Paris aufhielt, zu senden, welche Newton selbst, nebst einer Zeichnung aufsetzte. Um diese Zeit war seine Aufnahme in die Gesellschaft im Werke, worüber er sich wie folgt ausspricht: „Sollte „ich aufgenommen werden, so werde ich suchen meine Dank-„barkeit dadurch zu beweisen, dass ich der Gesellschaft das-„jenige mitteile, was meine geringen einsamen Bemühungen „zur Beförderung ihres Endzweckes, der Erforschung der Natur, „etwa an die Hand geben mögen."

Kurze Zeit nach der Beschreibung des Newton'schen Instrumentes in den Phil. Tr. erschien 1672 im Journal des savants die Beschreibung eines neuen Spiegelteleskopes von Cassegrain, das, wie er sagt, schon vor dem Newton'schen erfunden sein, und mehr als dieses leisten soll. In der That ist die letztere Behauptung richtig. Sein Teleskop enthält einen metallenen Hohlspiegel mit centraler Durchbohrung; die von ihm reflectirten Strahlen treffen vor ihrer Vereinigung auf einen kleineren convexen Spiegel, und werden von ihm nach dem in der Durchbohrung befindlichen Okular ref'ectirt. Der Unterschied zwischen diesem und dem Gregory'schen Teleskope liegt also darin, dass hier der kleine Spiegel convex dort aber concav ist. Obwohl dies nur eine unbedeutende Abänderung zu sein scheint, so ist sie doch eine ganz wesentliche Verbesserung. Denn 1) wird das Teleskop um die doppelte Brennweite des kleineren Spiegels kürzer als das Gregory'sche, so dass seine Vergrösserung bei gleicher Länge eine viel bedeutendere ist. Wenn bei einer Brennweite von $15\frac{1}{2}$ Zoll die Vergrösserung bei einem gregory'schen Instrumente eine 86 fache ist, so ist sie dagegen bei dem Cassegrain'schen eine 93 fache. Da 2) die Spiegel sich die entgegengesetzten Krümmungen zukehren, so wird dadurch ein grosser Teil der sphärischen Aberration aufgehoben, und 3) durchschneiden sich die Strahlen nicht ehe sie ins Auge kommen in einem Brennpunkte. Der letzte Umstand verhindert einen Lichtverlust, wie er bei der Durchschneidung der Strahlen gewöhnlich auftritt. Diese Vorzüge wurden fast das ganze 18. Jahrhundert hindurch verkannt, und man gab allgemein dem Gregory'schen Teleskope den Vorzug vor allen übrigen.

Die bisher erwähnten Teleskope hatten nur kleine Dimensionen, und erst 50 Jahre später war es John Hadley, der die fast vergessenen Spiegelteleskope wieder ins Leben zurückrief. Im Jahre 1723 überreichte derselbe der Royal Society ein Spiegelteleskop von 6 Fuss Länge, dessen Spiegel 62,625 Zoll Brennweite hatte und dessen Wirkungen dieselben waren wie die eines Huyghens'schen Fernrohres von 123 Fuss Brennweite. Es ist dasselbe nach dem newtonschen Principe gebaut, allein, da es manche Unbequemlichkeiten hatte, verliess es Hadley wieder und wandte sich dem Gregory'schen zu.

Nach längerer Zeit erst kam das Teleskop durch William Herschel zu Ehren, dem ich hier eine grössere Ausführlichkeit widmen will. Ich schliesse mich dabei einer Rede an, die unser grosser Astronom Bessel dem Andenken Herschel's widmete.

Herschel wurde 1738 zu Hannover geboren und starb 1822, über 83 Jahr alt, in England. Der Musik kundig ging er 1759 nach England, wo er Anfangs sparsamen Unterhalt fand, allein 1766, 28 Jahr alt, zu der Stelle des Organisten in Bath gelangte. Da fiel ihm ein zweifüssiges Spiegelteleskop in die Hände, welches, gegen den Himmel gerichtet, ihm Vieles zeigte, wovon das blosse Auge keine Ahnung gegeben hatte. Schwach und unbedeutend wie ein solches Instrument ist, zeigt es ihm den Raum mit kleinen Sternen gefüllt; es lässt ihn die Scheiben der Planeten, die Figuren einiger Nebelflecken unterscheiden. Es erregt den Wunsch, alles dies deutlicher zu sehen; aber ein grösseres Instrument, welches er von einem Künstler in London verlangt, überschreitet die Mittel des Organisten zu Bath. Jetzt ist sein Loos entschieden, er schmilzt Spiegelmetall, schleift Spiegel und vollendet 1774 ein selbstgemachtes Teleskop von 5 Fuss Länge. Dieser Erfolg und das, was er nun am Himmel sieht, nähren seinen Eifer und vermehren seine Kräfte. Er unternimmt die Verfertigung grösserer Teleskope, und sowie ein grösseres gelungen ist und seine Kenntnis des Himmels erweitert hat, ahnt er den grösseren Erfolg eines noch grösseren. Er ruhet nicht Tag und Nacht, er bringt Teleskope von 7, 8, 10, 20 Fuss Länge zu Stande und die Ueberzeugung dadurch mehr sehen zu können als man vorher gesehen hat, veranlasst ihn die helleren Fixsterne aufmerkam zu betrachten. Die Entdeckung vieler unbekannter Doppelsterne ist die Frucht davon, und am 13. März 1781 sieht er an einem Sterne im Stier die Scheibe eines Planeten. Jetzt hat er den Planeten Uranus entdeckt und Herschel ist nun der Mann der Welt. Der edle Georg III giebt ihm eine Wohnung in Slough in der Nähe von Windsor, auch einen Jahresunterhalt, damit sein erfolgreicher Eifer für die Erforschung des Himmels nicht mehr durch Beschäftigungen unterbrochen werden möge, die wahrscheinlich notwendig gewesen wären, seine Energie zu wecken, die aber nun seiner unwürdig wurden. Von dieser Zeit an sind 69 Abhandlungen von Herschel in der Phil. Tr. erschienen. Diese Abhandlungen zeigen, dass Herschel seine Kräfte und sein Nachdenken, mit sehr wenigen Ausnahmen, einem Gebiete der Himmelskunde widmete, dem Gebiete, in welchem das Fernrohr der Führer ist. Seine Beständigkeit in der Verfolgung eines Zweckes liegt schon in dem, was wir gesehen haben, offen vor uns. Aber wenn er auch mit den Doppelsternen angefangen und sie bis an seinen Tod nicht verlassen hat, so ist es nicht das Bestreben die Doppelsterne kennen zu lernen, was ihn treibt, es ist das Bestreben den Himmel zu erforschen, an dem die Doppelsterne nicht das Einzig Merkwürdige sind. Mehrere der Abhandlungen betreffen die Verfertigung der Teleskope. Wie ernstlich Herschel es damit meinte, sieht man unter anderem aus seiner Gewohnheit für jedes neue Instrument viele Spiegel zugleich zu giessen und zu schleifen. Wenn sie voll-

endet waren, versuchte er ihre Wirkungen am Himmel und
wählte den von ihnen aus, der die grösste Wirkung hervor-
brachte; die übrigen schliff er auf's Neue und untersuchte
dann wieder, ob einer dadurch besser geworden war als der
beste früher herausgebrachte, in welchem Falle auch dieser
umgearbeitet wurde. So schritt er vorwärts, bis er das er-
reichbare Maximum der Vollendung seines Teleskopes erreicht
hatte. Arago erzählt, dass er während seines Aufenthaltes in
Bath etwa 200 Spiegel von 7 Fuss Brennweite verfertigt habe,
150 von 10 Fuss, 80 von 20 Fuss. Die Erfolge, welche
Herschel schon durch grosse Teleskope erhalten hatte, erregten
den Wunsch ein grösstes zu versuchen. Sein königlicher
Gönner trug die beträchtlichen Kosten davon, und von 1785
bis 1789 wurde das berühmte Teleskop von 40 Fuss Länge,
welches mehr als 4 Fuss Durchmesser hatte, und dessen Spiegel
2000 Pfund wog, vollendet. Der Mechanismus zur Bewegung
einer so schweren Masse, wie die des Spiegels und sein kolos-
sales Rohr von Eisen war, erforderte neue Anstrengungen des
unerschöpflichen Herschel, und ihr Erfolg zeigte ihn eben so
fähig die Schwierigkeiten der Mechanik zu beseitigen, als er
fähig gewesen war die der Verfertigung der Spiegel zu über-
winden. Herschel entbehrt nie Kenntnisse, die die Erlangung
seines Ziels erfordert; dieses Ziel zieht ihn an, es muss von
ihm erreicht werden.

Hatte schon Herschel's Teleskop einen Durchmesser von
4 Fuss, so übertrifft das in neuerer Zeit von Lord Rosse ge-
baute Teleskop jenes noch bei Weitem. Der Spiegel desselben
hat nämlich einen Durchmesser von 6 Fuss.

Die von Foucault in neuerer Zeit construierten Spiegelteleskope unterscheiden sich von den Newton'schen nur dadurch, dass der Metallspiegel durch einen Glasspiegel ersetzt
ist, dessen äussere Seite versilbert ist. Das ganze Teleskop
wird dadurch leichter, hat aber sonst keine weiteren Vorzüge
vor den übrigen.

Die Neuzeit hat sich ganz von diesen Teleskopen abge-
wendet; die Refractoren oder dioptrischen Fernröhre haben so

grosse Verbesserungen erlangt, dass sie in ihren Leistungen die Spiegelteleskope bei weitem übertreffen. Selten nur findet man ein solches noch im Gebrauch, und wo es überhaupt vorhanden ist, da ist es dem geschichtlichen Andenken geweiht.